Samia Talmoudi

L'approche multimodèle et les réseaux de neurones artificiels

Samia Talmoudi

L'approche multimodèle et les réseaux de neurones artificiels

Pour l'identification des systèmes complexes

Presses Académiques Francophones

Impressum / Mentions légales
Bibliografische Information der Deutschen Nationalbibliothek: Die Deutsche Nationalbibliothek verzeichnet diese Publikation in der Deutschen Nationalbibliografie; detaillierte bibliografische Daten sind im Internet über http://dnb.d-nb.de abrufbar.
Alle in diesem Buch genannten Marken und Produktnamen unterliegen warenzeichen-, marken- oder patentrechtlichem Schutz bzw. sind Warenzeichen oder eingetragene Warenzeichen der jeweiligen Inhaber. Die Wiedergabe von Marken, Produktnamen, Gebrauchsnamen, Handelsnamen, Warenbezeichnungen u.s.w. in diesem Werk berechtigt auch ohne besondere Kennzeichnung nicht zu der Annahme, dass solche Namen im Sinne der Warenzeichen- und Markenschutzgesetzgebung als frei zu betrachten wären und daher von jedermann benutzt werden dürften.

Information bibliographique publiée par la Deutsche Nationalbibliothek: La Deutsche Nationalbibliothek inscrit cette publication à la Deutsche Nationalbibliografie; des données bibliographiques détaillées sont disponibles sur internet à l'adresse http://dnb.d-nb.de.
Toutes marques et noms de produits mentionnés dans ce livre demeurent sous la protection des marques, des marques déposées et des brevets, et sont des marques ou des marques déposées de leurs détenteurs respectifs. L'utilisation des marques, noms de produits, noms communs, noms commerciaux, descriptions de produits, etc, même sans qu'ils soient mentionnés de façon particulière dans ce livre ne signifie en aucune façon que ces noms peuvent être utilisés sans restriction à l'égard de la législation pour la protection des marques et des marques déposées et pourraient donc être utilisés par quiconque.

Coverbild / Photo de couverture: www.ingimage.com

Verlag / Editeur:
Presses Académiques Francophones
ist ein Imprint der / est une marque déposée de
OmniScriptum GmbH & Co. KG
Heinrich-Böcking-Str. 6-8, 66121 Saarbrücken, Deutschland / Allemagne
Email: info@presses-academiques.com

Herstellung: siehe letzte Seite /
Impression: voir la dernière page
ISBN: 978-3-8416-3557-0

Zugl. / Agréé par: Tunis, Université El Manar, 2005

A l'âme de mon père…

A ma mère…

A mon mari Faouzi…

A mon petit Mohamed Fadi…

A mon frère et mes sœurs…

A Tous ceux qui me sont chers…

Avant-propos

Les travaux présentés dans cette thèse ont été effectués au sein de l'Unité de Recherche "COmmande Numérique des PRocédés Industriels" de l'Ecole Nationale d'Ingénieurs de Gabès, sous la Direction de Monsieur le Professeur Ridha BEN ABDENNOUR.

Je voudrais remercier Monsieur Ennaceur BEN HADJ BRAIEK, Directeur de l'Institut Supérieur des Etudes Technologiques de Radès et Professeur à l'Ecole Supérieure des Sciences et Techniques de Tunis, pour l'honneur qu'il me fait en acceptant d'être le président de ce jury.

Je suis très honorée par la venue de Monsieur Pierre BORNE, Professeur à l'Ecole Centrale de Lille, de France pour assister à la soutenance de ma thèse en tant que rapporteur. En cela, il internationalise mon jury.

Que Monsieur Nabil DERBEL, Professeur à l'Ecole Nationale d'Ingénieurs de Sfax, trouve ici mes profondes gratitudes d'avoir accepté d'assister à la soutenance de ma thèse en tant que rapporteur.

Mes vifs remerciements vont à Monsieur Ridha BEN ABDENNOUR, Professeur à l'École Nationale d'Ingénieurs de Gabès et Directeur de l'Institut Supérieur des Études Technologiques de Gabès, pour son aide, sa disponibilité et ses précieux conseils pendant toute la durée de ma thèse.

Je tiens à remercier vivement Monsieur Mekki KSOURI, Professeur à l'Ecole Nationale d'Ingénieurs de Tunis et Directeur de l'Institut National des Sciences Appliquées et de Technologie de Tunis, pour ses judicieux et précieux conseils, ses remarques constructives m'ont été d'une grande utilité pour le bon aboutissement de ce travail.

Toute ma reconnaissance va à Monsieur Kamel ABDERRAHIM, Maître Assistant à l'Ecole Nationale d'Ingénieurs de Gabès, pour son aide, ses conseils, ses compétences scientifiques qui ont été pour moi une aide inestimable.

Que mon mari Faouzi BEN AOUN, soit chaleureusement remercié pour son soutien moral durant la durée de ma thèse, pour son enthousiasme et pour sa bonne humeur toute méridionale.

Ces années de thèse se sont enrichies de fructueux échanges avec ma collègue et mon amie Majda LTAIEF, dans une ambiance propice à la recréation autant qu'à la réflexion scientifique. Ainsi, son sujet voisin nous a conduit à des nombreuses discussions qui ont favorisé le bon aboutissement de ce travail.

Je voudrais remercier tous mes enseignants de l'École Nationale d'Ingénieurs de Gabès en particulier Monsieur Slah NAJAR, Monsieur Faouzi BOUANI et Monsieur Faouzi M'SAHLI.

Mes vifs remerciements à tout le personnel de l'École Nationale d'Ingénieurs de Gabès, en particulier mon amie Awatef BATITA. Son aide permanente, ses encouragements, constituent une contribution à l'élaboration de ce travail. Qu'elle reçoive l'expression de ma très grande reconnaissance.

J'exprime ma profonde gratitude envers mes collègues de l'unité pour leur sympathie et l'ambiance cordiale qu'ils ont su faire régner au sein de l'équipe.

Que Monsieur Abdellatif GADRI, Professeur et Directeur à l'Ecole Nationale d'Ingénieurs de Gabès trouve ici mes sincères remerciements pour m'avoir accueilli au sein de son honorable établissement.

Je tiens à remercier le personnel du centre de calcul de l'Ecole Nationale d'Ingénieurs de Gabès : Malek ZAMMOURI et Heythem GDIRI, et Habib DKHIL, technicien au Laboratoire d'Automatique, pour leur aide et leur disponibilité permanente.

Finalement, je tiens à remercier tous ceux qui de près ou de loin, ont contribué à l'accomplissement de ce travail.

Table de matières

Liste des figures

Liste des tableaux

Introduction Générale

Introduction Générale

En automatique, la modélisation des systèmes dynamiques est d'une grande importance, car elle permet de résumer sous une forme condensée, accessible et aisément exploitable, les aspects essentiels du processus étudié. En effet, la construction des modèles peut être motivée par plusieurs objectifs; à savoir, l'analyse des interactions et des phénomènes comportementaux du système afin d'appréhender ou d'améliorer la connaissance du système, sa commande ou le diagnostic de son fonctionnement [Gas00]. Pour ces raisons, le modèle du dit système doit d'une part, émuler (simuler) de la manière la plus précise possible le système considéré. D'autre part, ce modèle doit être valide pour toutes les situations possibles et doit prendre en compte tous les comportements…

Deux approches d'élaboration d'un modèle, sont souvent utilisées dans la littérature. La première se base sur la modélisation théorique ou "modélisation boite blanche". Cette approche se fonde sur les lois régissant les phénomènes physiques, chimiques, mécaniques, etc. Elle nécessite d'une part, une connaissance précise des phénomènes intervenant sur le système et d'autre part, une capacité de les représenter par des équations mathématiques. Ces modèles sont souvent complexes et difficilement exploitables pour la commande des systèmes.

La seconde approche, dite modélisation de représentation ou "modélisation boite noire", se base sur l'élaboration d'une relation entre les entrées et les sorties du processus à partir des données expérimentales et ne nécessite pas des connaissances a priori des lois physiques. Cette approche ne décrit pas le système par des équations physiques mais elle introduit d'autres notions telles que gain statique, constante du temps, retard,…En effet, Les paramètres des modèles, obtenus par identification, à partir des fichiers de mesures relevés expérimentalement sur le système, n'ont souvent aucune signification physique. Cependant, même cette approche, est de plus en plus mise en défaut. En effet, souvent on est confronté à des systèmes industriels dont la complexité est importante. Cette complexité, sans cesse croissante, peut être liée à une forte non linéarité, une non stationnarité, un large domaine de fonctionnement, des perturbations externes ou/et des dynamiques non modélisables. Ces procédés peuvent être, aussi, mal définis. Par conséquent, il est difficile, voire souvent impossible, de représenter un système complexe par un seul modèle décrivant son comportement dans différentes zones de fonctionnement. Il arrive parfois, qu'un modèle de représentation, global et précis, puisse être défini, mais se révèle beaucoup trop complexe pour être utilisable.

Le travail décrit, dans ce mémoire, s'inscrit dans le cadre de l'identification de systèmes complexes. L'approche adoptée est l'approche multimodèle [Joh94, Mur94]. Elle consiste à représenter un système donné par plusieurs modèles simples décrivant son comportement dans différentes zones de fonctionnement. Ces modèles constituent une base (ou bibliothèque) de modèles. A chaque modèle de la base est associé à un coefficient nommé degré de validité ou de pertinence, évaluant sa contribution dans le fonctionnement global du système. Le modèle global est obtenu, généralement, soit par commutation ou soit par fusion de différentes modèles de la base pondérées par leurs validités respectives [Joh94, Mur94, Mez00, Gas00, Del97, Kso99].

Malgré son succès dans différents domaines; à savoir académique, biomédical, industriel, etc, l'approche multimodèle est confrontée par plusieurs problèmes tels que le choix et le nombre de modèles de la base, la technique adéquate de fusion et de commutation entre ces modèles, le calcul de validités de ces modèles, la mise en œuvre pratique de l'approche multimodèle, etc. [Joh94, Mur94, Mez00, Del97, Kso99].

Les travaux présentés, par la suite, s'intéressent aux problèmes cités plus haut. Nous proposons des contributions au niveau du choix et du nombre de modèles de la base puis au niveau de la technique de calcul des validités des modèles de la base. Les résultats obtenus en simulation, nous ont encouragés à mettre en œuvre, pratiquement, l'approches multimodèle sur des procédés réels.

Cette thèse comporte quatre chapitres dont le contenu est résumé ci-après.

Chapitre 1 : Etat de l'art : approche multimodèle

Ce chapitre est consacré à une présentation détaillée des concepts de base de l'approche multimodèle. On présentera l'origine de l'approche multimodèle, la formulation mathématique de l'approche multimodèle, sa structure générale ainsi que chacune des composantes de l'application de cette approche; à savoir la détermination de la base des modèles, l'estimation des validités et la technique de fusion. Par ailleurs, afin de mettre en évidence l'apport en performance de l'approche multimodèle, un exemple de simulation sera présenté à la fin de ce chapitre.

Chapitre 2 : Une approche de génération systématique d'une base de modèles

Ce chapitre est divisé en deux parties. La première est consacrée à la présentation des réseaux de neurones artificiels de Kohonen. Dans cette partie, on présentera le principe, la structure ainsi que l'algorithme d'apprentissage des réseaux de neurones de Kohonen. La deuxième partie est une description détaillée d'une nouvelle approche de détermination systématique d'une base de modèles se basant sur la classification en exploitant les réseaux de neurones de Kohonen. Pour mettre en évidence l'apport en performances de l'approche proposée, on proposera deux exemples de simulations numériques.

Chapitre 3 : Validités de modèles

Ce chapitre est divisé en deux parties. On commencera, dans la première, par présenter les méthodes d'estimation des validités les plus connues. La deuxième partie sera consacrée à la présentation de la technique de calcul de validité proposée. Cette technique se base sur la minimisation d'un critère quadratique qui fait intervenir l'écart entre la sortie du processus et les centres de différentes classes. Ces derniers sont obtenus dans la phase de détermination d'une base de modèles décrite dans le deuxième chapitre. Les validités obtenues sont exploitées par la suite, pour la détermination du modèle global multimodèle (identification) ou/et pour la commande du processus.

Pour montrer l'efficacité de la technique proposée, on présente deux exemples d'illustrations.

Chapitre 4 : Mise en œuvre pratique de l'approche multimodèle sur des procédés réels

Ce chapitre sera consacré à la validation expérimentale de l'approche de détermination systématique de la base de modèle présentée dans le deuxième chapitre et de la nouvelle technique de calcul de validités proposée dans le troisième chapitre. Les exemples expérimentaux proposés sont soit des systèmes électriques du premier ordre et du second ordre à paramètres variables dans le temps, soit, un réacteur d'estérification d'huiles d'olives (procédé pilote).

CHAPITRE 1

Etat de L'art :
Approche Multimodèle

1.1. Introduction

1.2. Origine de l'approche multimodèle

1.3. Formulation mathématique

1.4. Structure Générale

1.5. Détermination de la base de modèles

1.6. Estimation des validités des modèles

1.7. Fusion des modèles

1.8. Exemple de mise en évidence

1.9. Conclusion

CHAPITRE 1

État de L'art :
Approche Multimodèle

1.1 Introduction

Ce chapitre est consacré à la présentation des concepts de base de l'approche multimodèle. En effet, on présentera l'origine de l'approche multimodèle dans la deuxième section. La formulation mathématique de l'approche multimodèle sera présentée dans la troisième section. Ensuite, sa structure générale sera donnée dans la quatrième section. Chacun des composants de l'application de cette approche; à savoir la détermination de la base de modèles, l'estimation des validités et la fusion seront détaillées. Par ailleurs, afin de mettre en évidence, la souplesse et la puissance de l'approche multimodèle, un exemple de simulation est donné dans le présent chapitre.

1.2   Origine de l'approche multimodèle

1.2.1 Position du problème

La modélisation des processus industriels pose plusieurs problèmes qui sont liés, essentiellement, à leurs caractéristiques intrinsèques à savoir; la non- linéarité, la non-stationnarité, etc. Il se révèle, alors, difficile, voire impossible de représenter ces procédés

8

par un seul modèle décrivant leur comportement dans tout l'espace de fonctionnement.

1.2.2 Solutions

Une première solution consiste à considérer localement le système pour le représenter par un modèle. Cette solution est simple à mette en œuvre, mais elle reste limité à un voisinage du point local en plus qu'elle soit inadaptée dans le cas de systèmes fortement non linéaires. La deuxième consiste, si le modèle est déjà existant, de le linéariser autour d'un point de fonctionnement. Bien évidemment, le modèle obtenu dans les deux cas est plus simple que le système initial et il est, par conséquent, plus facile de calculer des commandes. Néanmoins, il est possible que le système évolue trop pour être toujours au voisinage d'un point de fonctionnement. Dans ce cas, un seul modèle est incapable de le représenter convenablement et il est nécessaire de définir plusieurs modèles simplifiés au voisinage d'autres points de fonctionnement convenablement choisis. Une série de commutation entre ces modèles sera, donc, envisagée lors de l'évolution du système.

L'exemple le plus évident, pour ce dernier cas, est celui des systèmes à deux dynamiques rapide et lente. Un premier modèle est, alors, défini pour le régime transitoire en négligeant les constantes de temps lentes. Un deuxième modèle est défini pour le régime permanent tout en négligeant, dans ce cas, les constantes de temps rapides.

1.2.3 **L'approche multimodèle**

Une troisième solution, récemment développée, nommée l'approche *multimodèle*, consiste à représenter un système complexe par plusieurs modèles simples et faciles à manipuler. Cette approche s'appuie sur le principe suivant : *"plusieurs modèles simples seront plus maniables qu'un seul incompréhensible"* [Del97]. En effet, si ces modèles sont définis, et si on vise de commander le processus global, il serait possible de définir des commandes performantes. La commande globale est une commande performante et robuste. Ces propriétés seront acquises, du faite qu'on a considéré l'ensemble de commandes associées aux modèles localement parfaits [Del97].

Les modèles ainsi définis sont spécifiques à chaque mode de fonctionnement particulier du système. Cette propriété permet de structurer les connaissances a priori qualitatives et/ou quantitatives du système étudié. Par conséquent, dans le cas idéal, les modèles sont complémentaires; c'est à dire, que chacun des modèles ne représente qu'une zone particulière de l'espace de fonctionnement du système considéré. Dans ce cas, les domaines de validités sont disjoints comme le montre la figure (1.1). A chaque instant, un seul modèle est valable.

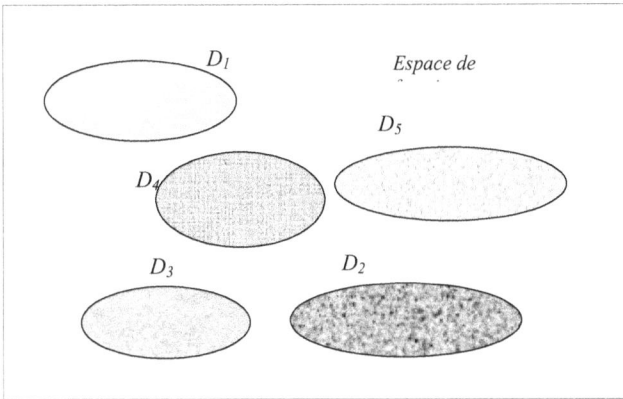

Figure 1.1. Domaines de validité sans chevauchement

Dans d'autres cas, on pourra avoir des chevauchements entre les différents domaines de validités comme le montre la figure (1.2). Dans ce cas, il est nécessaire de faire une combinaison de plusieurs modèles pour une même zones de fonctionnent

Différentes méthodes existent dans la littérature [Mez00]; à savoir les méthodes directes et les méthodes indirectes.

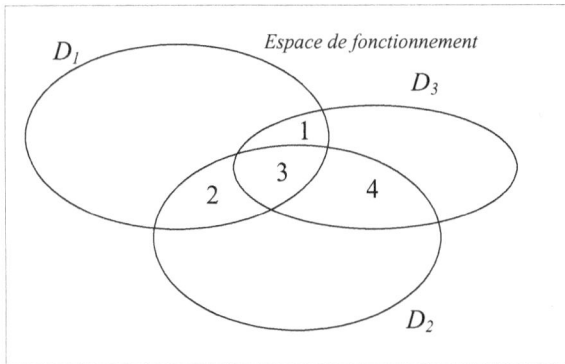

Figure 1.2. Domaines de validité avec chevauchement.

1.2.4 Les méthodes directes

Les méthodes directes consistent à définir le domaine de validité, lié au régime de fonctionnement de chaque modèle, ainsi que les points de fonctionnement qui lui sont associés. Dans ce cas, le modèle est appelé *modèle local*. Le modèle global est obtenu en combinant les différents modèles locaux. L'intérêt de ce type de méthodes est que l'on connaît la séquence de commutations entre les différents modèles. Ces méthodes sont confrontées au problème de définition de l'espace de fonctionnement et de sa décomposition en zones de fonctionnement. Ceci fait l'objet du paragraphe (1.5.2).

1.2.5 Les méthodes indirectes

Les méthodes indirectes supposent que les modèles sont non localisés. Ces derniers sont appelés *modèles génériques*. Ces méthodes se trouvent confrontées au problème de savoir quand commuter et vers quoi. Autrement dit, ce type de méthodes ne nécessite aucune connaissance a priori sur les domaines de validité de modèles. En effet, la séquence de commutation entre les différents modèles est inconnue. Dans ce cas, une fusion en ligne est la méthode la plus convenable pour déterminer le modèle et/ou la commande multimodèle. Comme exemples, citons les travaux de Delmote [Del97], Ksouri-Lahmari [Kso99] dans le cas des processus continus et les travaux de Narandra et Balakrishan [Nar97] dans le cas des processus discrets. Ce type de modélisation est choisi, lorsque les connaissances a priori sur les systèmes sont incertaines. Alors, une fois, les limites de variation de paramètres du modèle sont connues, on peut utiliser les modèles extrêmes pour la génération des modèles de la base. Un inconvénient de ces méthodes, est que les modèles génériques doivent être de mêmes structures.

1.2.6 Modèle global

Dans chacune des méthodes directes et indirectes, il y a deux façons d'obtenir le modèle et/ou la commande globale du système; soit par commutation, soit par fusion des modèles et/ou des contrôleurs du multimodèle.

1.2.7 difficultés

Malgré les avantages de l'approche multimodèle, on ne peut pas ignorer que des nouveaux problèmes sont apparus lors de sa mise en œuvre; à savoir la détermination d'une base adéquate de modèles, l'estimation des pertinences des différents modèles de la base, la fusion des modèles afin d'obtenir un modèle global, la mise en œuvre pratique de l'approche multimodèle sur des procédés réels, etc.

1.3 Formulation mathématique du multimodèle

On considère le problème de représentation d'un système non-linéaire dynamique, par le modèle d'entrée-sortie suivant [Gas00] :

$$y(k) = F(\varphi(k)) \qquad (1.1)$$

où $\varphi(k)$ est le vecteur de régression. Ce vecteur contient des variables expliquant le comportement du système. En fait, $\varphi(k)$ contient la sortie et l'entrée du système à des instants antérieurs à k.

Supposons qu'on dispose de C modèles locaux $M_i(\varphi(k))$ descriptifs de comportement du système dans différentes zones de fonctionnement. Ces modèles peuvent être obtenus :

- soit par une linéarisation autour de différents points de fonctionnement dans le cas de systèmes non linéaires.

- soit par une identification en fonction du temps (dans le cas d'un système variant dans le temps).

- ou bien par une modélisation de chaque mode de fonctionnement (fonctionnement normal, dégradé, sans charge, avec charge, etc...).

La validité locale de chaque modèle M_i est représentée par une fonction validité $v_i(\varphi(k))$ et telles que :

$$0 \leq v_i(\varphi(k)) \leq 1 \quad \forall i \quad \text{et} \quad \sum_{i=1}^{C} v_i(\varphi(k)) = 1 \qquad (1.2)$$

Cette fonction est égale à 0 lorsque le modèle M_i est invalide. Elle est égale à 1 lorsqu'un modèle M_c est totalement valide, tous les autres modèles seront invalides et on a dans ce cas :

$$v_c(\varphi(k)) = 1 \quad \text{et} \quad v_i \underset{\substack{i=1:C \\ i \neq c}}{(\varphi(k))} = 0 \qquad (1.3)$$

Pour un nombre adéquat C de modèles de la base, judicieusement positionnés dans l'espace de régression, on peut exprimer le modèle global recherché $y(k) = F(\varphi(k))$ comme la combinaison linéaire de ces N modèles locaux. On en déduit le modèle global :

$$y(k) = \sum_{i=1}^{C} v_i(\varphi(k)).M_i(\varphi(k)) \qquad (1.4)$$

$v_i(\varphi(k))$ indique la contribution, dans le modèle global, plus au moins importante, du modèle élémentaire M_i correspondant.

1.4   Structure générale du multimodèle

Tout système est en fait un lien entre des sorties et des entrées. En effet, si le système est considéré comme une boite noire, une modélisation faisant appel à un seul modèle permet de donner une formulation mathématique entre les entrées et les sorties sous la forme, à titre d'exemple, de la fonction g (voir figure 1.3).

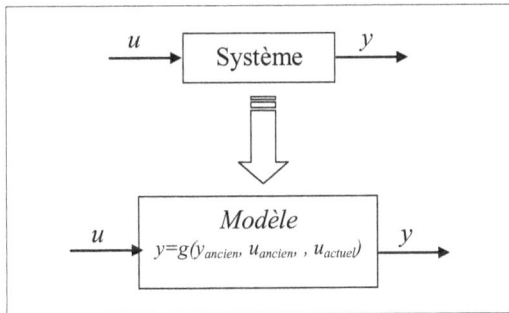

Figure 1.3. Modélisation par un seul modèle

Avec un multimodèle, le schéma est absolument différent. En effet, comme son nom l'indique, un multimodèle est constitué d'un ensemble de modèles. Chaque modèle M_i possède un domaine de validité donné D_i. Deux structures du multimodèle peuvent être envisagées; à savoir la structure multimodèle à modèle global implicite et la structure multimodèle à modèle global explicite.

1.4.1 Structure multimodèle à modèle global implicite

La figure 1.4 résume le principe de la structure multimodèle à modèle global implicite. Chaque modèle est, en fait, une formulation mathématique simplifiée du système autour d'un point de fonctionnement donné. Cependant, il n'est pas une représentation fidèle du système global et en général, il est faux, sauf lorsque le système a le comportement local correspondant.

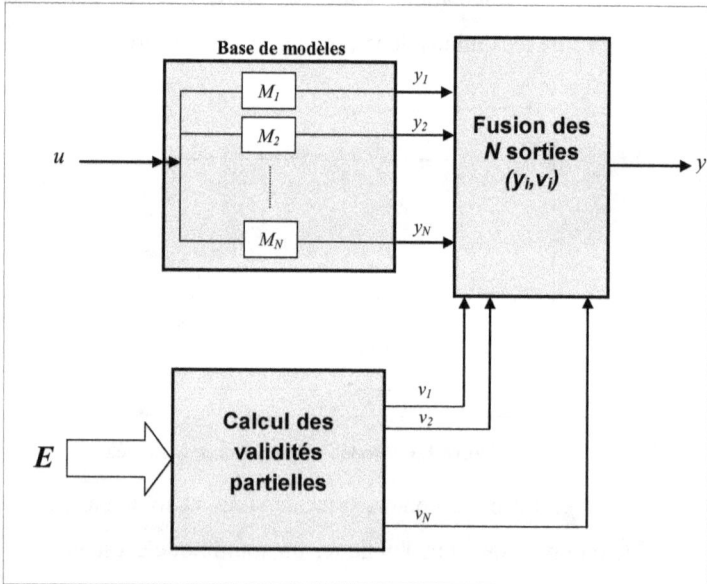

Figure 1.4. Structure multimodèle à modèle global implicite

Il apparaît, encore, dans cette dernière figure, un mécanisme de calcul des indices v_i de validités des modèles. Cet indice interprète la contribution du modèle M_i dans le comportement du système. Les entrées E du mécanisme sont choisies selon la méthode d'estimation des validités adoptée.

Un troisième élément très important apparaît sur la figure (1.4). Il s'agit de l'opération de fusion des modèles élémentaires en fonction de leurs validités courantes. Ce dernier mécanisme calcule, alors, une valeur de sortie, résumant toute connaissance incluse dans le multimodèle.

L'équation de sortie du multimodèle est donnée donc, par :

$$y(k) = \sum_{i=1}^{C} v_i(k) y_i(k) \qquad (1.5)$$

$$\text{avec} \sum_{i=1}^{C} v_i(k) = 1$$

L'avantage principal de cette structure se situe au niveau du choix des modèles de la base. En effet, la base peut contenir des modèles de types différents, de structures différentes et/ou d'ordres différents. L'inconvénient de cette approche est qu'aucune connaissance sur le modèle global n'apparaît d'une manière explicite.

1.4.2 Structure multimodèle à modèle global explicite

La structure multimodèle à modèle global explicite est donnée sur la figure (1.5). La fusion, dans ce cas, est effectuée non plus sur les sorties y_i de chaque modèle, mais sur les modèles eux même. En effet, il s'agit de fusionner leurs formulations mathématiques.

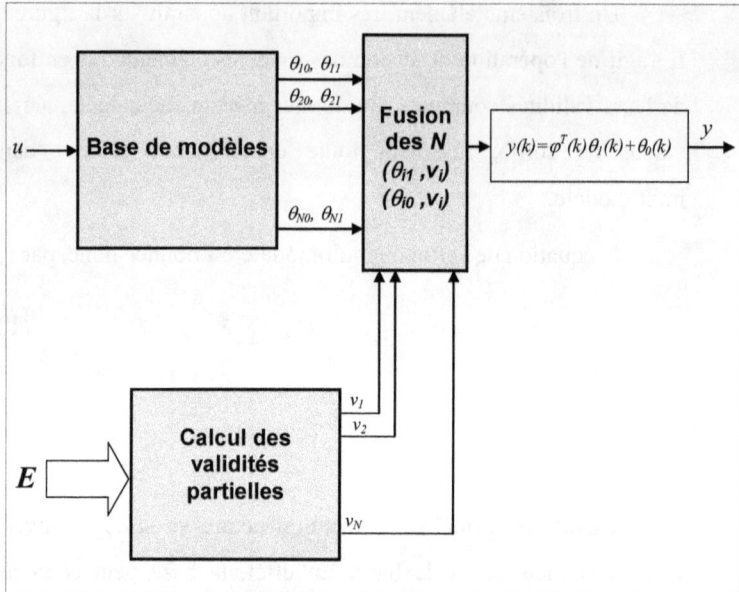

Figure 1.5 Structure multimodèle à modèle global explicite

En choisissant, à titre d'exemple, le type de modèles locaux suggéré par Johansen et Foss 1993 dans [Joh93], on définit les premiers modèles locaux M_i comme les p premiers termes du développement en série de Taylor du vrai modèle $F_0(\varphi(t))$ autour des points φ_i. En se limitant à un ordre $p=1$, on obtient :

$$M_i(\varphi(k)) = F_0(\varphi_i) + (\varphi(k) - \varphi_i)^T \left. \frac{\partial F_0(\varphi_i)}{\partial \varphi} \right|_{\varphi = \varphi_i} \qquad (1.6)$$

Cette expression peut s'écrire sous la forme :

$$M_i(\varphi(k)) = \varphi^T(k)\theta_{i1} + \theta_{i0} \qquad (1.7)$$

$$\text{où } \theta_{i1} = \left. \frac{\partial F_0(\varphi_i)}{\partial \varphi} \right|_{\varphi = \varphi_i} \quad et \quad \theta_{i0} = F_0(\varphi_i) - \varphi_i{}^T \theta_{i1}$$

18

La forme affine (1.6) du modèle local M_i $(i=1,...,C)$ s'interprète comme la linéarisation de la fonction $F_0(\varphi(t))$ autour de φ_i. Si on intègre (1.7) dans (1.5), la sortie du multimodèle devient :

$$y(k) = \sum_{i=1}^{C} v_i(k).(\varphi^T(k)\theta_{i1} + \theta_{i0})$$

$$= \sum_{i=1}^{C} \varphi^T(k).v_i(k).\theta_{i1} + \sum_{i=1}^{C} v_i(k).\theta_{i0}$$

$$= \varphi^T(k)\theta_1(k) + \theta_0(k) \qquad (1.8)$$

avec $\theta_1(k) = \sum_{i=1}^{C} v_i(k).\theta_{i1}$ et $\theta_0(k) = \sum_{i=1}^{C} v_i(k).\theta_{i0}$

Cette dernière relation démontre qu'une architecture multimodèle avec des modèles locaux affines est un modèle affine de même structure, à paramètres variables au cours du temps. Ces paramètres varient en fonction de la zone de fonctionnement dans laquelle évolue le système.

L'utilisation de cette structure suppose, pour définir l'opération de fusion, que tous les modèles aient la même structure. Ainsi, les modèles ne se diffèrent que par la valeur des coefficients requis, c'est-à-dire les valeurs de θ_{i0}, et θ_{i1} $(i=1,...C)$.

L'avantage de cette structure se situe au niveau de la formulation mathématique du système. Cependant, elle offre moins de souplesse et de liberté que la classe du multimodèle à modèle global implicite. En effet, elle impose que les modèles soient de mêmes ordres et de mêmes structures.

1.5   Détermination de la base de modèles

Comme déjà signalé, un multimodèle est constitué d'un ensemble de modèles valables dans différentes zones de fonctionnement. Ces modèles peuvent être soit génériques, soit locaux et constituent une base de modèles.

1.5.1 Base de modèles génériques

On désigne par générique, un modèle défini, sans avoir nécessairement un domaine de validité connu a priori. Ce type de modèles a été utilisé dans le cas des systèmes linéaires continus incertains par plusieurs chercheurs tels que Delmote [Del97] et Ksouri-Lahmari [kso99]. En effet, connaissant une approximation des limites de variations des paramètres d'un système, Delmote a proposé de les combiner pour construire la base de modèles recherchée. On obtient ainsi une base dont le nombre de modèles est lié au nombre de paramètres incertains du système. Par exemple, si le système possède un seul paramètre variable, il faudra au minimum deux modèles. Si on a deux paramètres variables, il faudra au minimum quatre modèles, avec trois, huit modèles. D'une façon générale, le nombre de modèles formant la base est égale à :

$$N = 2^n \qquad (1.9)$$

avec n désigne le nombre de paramètres variables.

Avec cette progression géométrique, on risque d'obtenir une base gonflée de modèles surtout si le nombre de paramètres incertains est important. De plus, on peut obtenir des modèles décrivant des comportements similaires du système. Par exemple, dans le cas d'un système du premier ordre à gain et à constante de temps incertains, un modèle avec un grand gain et grande constante de temps aura un comportement identique à un modèle de petit gain et de petite constante de temps, avec un rapport identique.

Pour résoudre ce problème, Ksouri-Lahmari [kso99] a proposé une approche de détermination de la base de modèle par exploitation du théorème de stabilité de Kharitonov. Cette approche permet de limiter le nombre de modèles à 4, 5 ou 6 modèles au maximum. Elle n'est applicable qu'aux systèmes modélisables sous forme d'une équation différentielle. L'inconvénient de cette approche est le risque d'obtenir un modèle instable parmi les modèles de la base élaborée. Ce qui, bien évidemment, va agir sur le comportement de la sortie globale du multimodèle.

Mezghani [Mez00] a étudié les systèmes linéaires discrets incertains. Elle a proposé d'exploiter l'opérateur δ et les modèles extrêmes déduits de l'approche algébrique de Kharitonov. La méthode proposée permet, d'une part, de minimiser le nombre de modèles utilisés. D'autre part, elle permet une détermination systématique des modèles de la base. Cependant, la base est construite à partir, uniquement, de modèles ayant la même structure que celle du système initial. De plus, identiquement au cas continu, la base générée peut présenter un ou plusieurs modèles instables. Une étude de stabilité est, donc, recommandée, dans ce cas.

1.5.2 Base de modèles locaux

Contrairement à un modèle générique, un modèle local est valide dans un domaine de fonctionnement bien défini a priori. Les modèles locaux offrent l'avantage d'utiliser des structures différentes. Cependant, ils restent confronté à plusieurs problèmes; à savoir, la détermination de l'espace de fonctionnement et sa décomposition en zones de fonctionnement. Pour résoudre ces problèmes, plusieurs approches ont été proposées dans la littérature. En effet, Sugeno et Kang, Sun [Gas00] et Johansen [Joh94] ont proposé une partition suivant un arbre de décision. Cette méthode permet de décomposer l'espace de fonctionnement selon une procédure hiérarchique. La division de cette zone peut être réalisée par un hyperplan orthogonal aux axes (figure 1.6-a) [Joh94], [Nel01], [Sugeno] ou par un hyperplan oblique par rapport aux axes (figure 1.6-b) où z_1 et z_2 désignent deux éléments du vecteur de régression [Mar94]. Ce qui entraîne d'une part, une description plus complexes des limites de ces zones de fonctionnement, d'autre part, le nombre de modèles locaux devient plus élevé. De plus, le nombre de paramètres décrivant les limites de ces zones et leurs fonctions de validités respectives deviennent ainsi très élevés. Ce qui complique encore plus le problème d'identification.

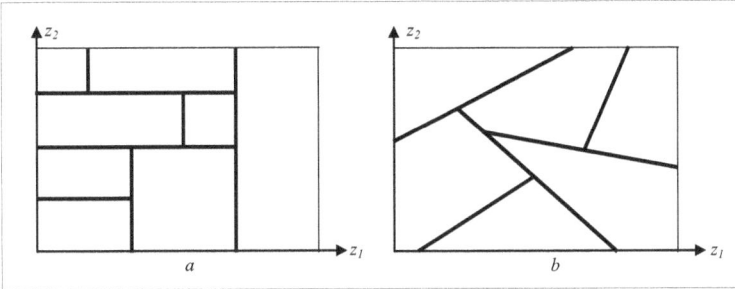

Figure 1.6. a. Partition hiérarchique orthogonale aux axes - b. Partition hiérarchique oblique par rapport aux axes.

Gasso [Gas00] a proposé une partition grille (figure 1.7) pour la décomposition de l'espace caractéristique. Cette technique consiste à réaliser un maillage de l'espace de fonctionnement. L'inconvénient de cette méthode est l'augmentation importante du nombre de modèles de la base, obtenus surtout dans le cas des systèmes d'ordre élevé. En plus, des zones vides sont susceptibles d'apparaître. Ces zones sont inutiles, car elles n'apportent pas d'informations pour l'explication du comportement du système. La partition grille peut produire, aussi, des zones de fonctionnement voisines décrivant des comportements identiques du système.

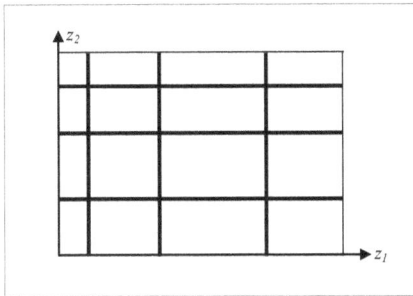

Figure 1.7. Partition grille

Dans le cas général, aucun modèle ne correspond à une représentation fidèle du système dans la totalité de son domaine d'évolution. En outre, chaque modèle est en général incorrect, sauf lorsque le système a le comportement local correspondant.

La question qui se pose généralement, lors de l'application de l'approche multimodèle : comment obtenir ces modèles? La réponse est que toutes les méthodes de modélisation et d'identification peuvent être appliquées.

Dans certains cas, chaque modèle de la base correspond à la linéarisation du système dans un voisinage de fonctionnement particulier.

Dans d'autres cas, si on dispose des sous-ensembles de mesures, il faudra appliquer des algorithmes d'identification, afin de définir plusieurs modèles locaux, correspondants chacun à un sous-ensemble particulier de données.

1.5.3 Type de modèles de la base

Il serait, encore, intéressant d'évoquer le type de modèles les plus fréquents dans la littérature. En effet, les premiers modèles, utilisés par Sugeno [Del97], avaient généralisés les conclusions des règles des contrôleurs flous à des fonctions des prémisses. Les modèles étaient, donc, sous la forme :

$$y = g_i(x), \text{ avec } g_i \text{ des polynômes de } x.$$

D'autre part, Johansen, Wang, Nakamori et Ishigame [Del97] utilisent des modèles de type ARX :

$$y = ARX_i(y,u)$$

De même, Tanaka, Cao et Narandra utilisent des modèles linéaires classiques sous forme d'une représentation d'état de la forme :

$$\begin{cases} \dot{x} = A_i x + B_i u \\ \quad y = C_i x \end{cases}$$

D'autres types de modèles peuvent être utilisés suivant les circonstances.

1.6   Estimation des validités des modèles de la base

La validité d'un modèle est une valeur numérique comprise entre 0 et 1, évaluant sa contribution dans le comportement global du processus.

En effet, si la validité v_i d'un modèle M_i est égale à zéro, celui-ci est considéré comme absolument faux. Au contraire, si v_i est égale à 1, le modèle M_i est donc totalement valide et représente alors lui seul le processus.

On peut classer les différentes méthodes d'estimation des validités, suivant la façon dont a été obtenue la base des modèles. Trois types de modélisation sont envisagées; à savoir la modélisation idéale, la modélisation correcte, dite encore partielle, et la modélisation vague ou incertaine.

La modélisation idéale permet d'obtenir des modèles précis grâce à des connaissances suffisantes a priori, jugées exactes. Dans ce cas, la séquence de commutation entre les modèles est parfaitement

25

connue. L'approche adéquate pour l'estimation des validités de modèles de la base, dans ce cas, est l'approche directe. En effet, pour chaque point de fonctionnement, il y a un seul modèle qui représente exactement le comportement du processus. Autrement dit, à tout instant il y a un seul modèle valide (validité = 1). Il est conseillé, dans ce cas, d'utiliser une commutation entre les modèles de la base.

La modélisation correcte ou partielle exige moins de connaissances a priori sur le système. Ce type de modélisation consiste à décomposer le domaine total de fonctionnement du processus en plusieurs domaines de fonctionnement, qui peuvent se chevaucher entre eux. Le modèle global est obtenu, alors, par combinaison de ces modèles locaux.

La modélisation partielle peut concerner trois cas :

➢ Le système à plusieurs régimes de fonctionnement : fonctionnement normal, dégradé, sans charge, avec charge, …etc. On peut déterminer ainsi les modèles locaux décrivant chaque zone de fonctionnement.

➢ Le système est non linéaire : il s'agit donc de le linéariser autour d'un ou plusieurs points de fonctionnent remarquables.

➢ Le système varie en fonction du temps. La construction de modèles locaux peut s'effectuer en déterminant des intervalles de temps dans lesquels les paramètres du système sont à peu prés constants. La validité du modèle vaut, donc, 1 dans l'intervalle ou le vecteur paramètres est défini. Elle décroît vers 0 en dehors de cet intervalle.

Pour ce type de modélisation, trois approches sont envisagées; à savoir l'approche géométrique, l'approche probabiliste et l'approche floue.

La modélisation vague ou incertaine nécessite une certaine connaissance a priori sur le système. Cependant, elle n'exige pas la connaissance a priori du domaine de validité. Dans ce cas, la fusion est la méthode la plus adéquate adoptée pour déterminer le modèle global. Le calcul des validités s'effectue à partir d'une approche par résidus.

1.7   Fusion des modèles de la base

Cette étape constitue l'étape finale de détermination du multimodèle. En effet supposons connus :

➢ Les vecteurs θ_{i1} et θ_{i0} (définis par la relation (1.8)), dans le cas de l'utilisation de la structure multimodèle à modèle global explicite.

➢ Les sorties y_i, dans le cas de l'utilisation de la structure multimodèle à modèle global implicite

➢ Le vecteur de validités $v = (v_1, v_2,..., v_N)$, dans les deux cas.

Deux grandes classes du multimodèle peuvent être envisagées à savoir; le multimodèle utilisant la commutation et celui utilisant la fusion.

1.7.1 Commutation

A chaque instant, un seul modèle est valide. Donc, le multimodèle est équivalent à cet instant à un seul modèle M_i, $i=1,...C$

Par conséquent, la sortie du multimodèle y_{MM} sera égale à la sortie y_{Mi} du modèle M_i.

$$y_{MM}(k) = y_{Mi}(k), \quad i=1,...,C \qquad (1.10)$$

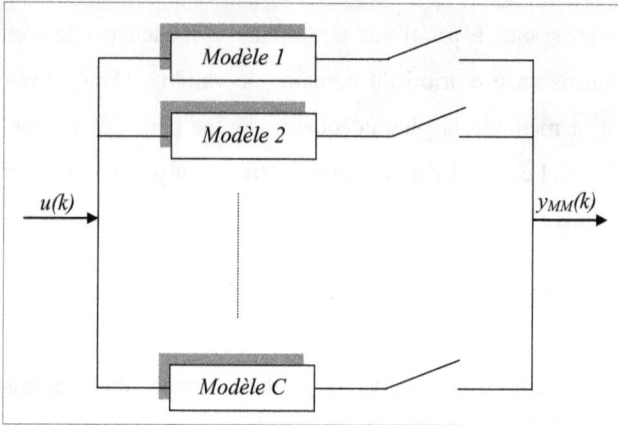

Figure 1.8. Principe de la commutation

L'avantage de cette approche réside dans sa facilité et sa simplicité de mise en œuvre. De plus, la séquence de commutation est connue a priori dans le cas d'une modélisation locale. Cependant, elle génère des pics lors de commutation d'un modèle à un autre. Ces pics sont indésirables par les actionneurs. De plus, elle pose des problèmes de détermination de règle de commutation dans le cas ou le nombre de modèles est assez élevé.

1.7.2 Fusion

Si on note par v_i, la validité du modèle M_i, la sortie $y_{MM}(k)$ sera la somme des sorties de modèles M_i, $(i=1,...,C)$ pondérées par leurs validités correspondantes :

$$y_{MM}(k) = \sum_{i=1}^{N} v_i(k) y_i(k) \qquad (1.11)$$

$$\text{avec} \ \sum_{i=1}^{N} v_i(k) = 1$$

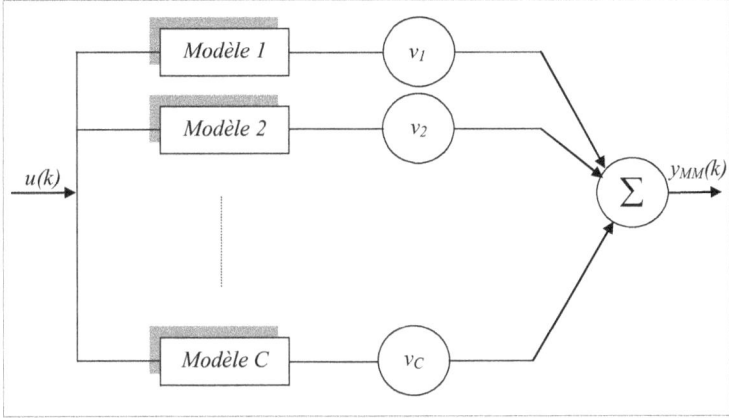

Figure 1.9. Principe de la fusion

La mise en oeuvre de cette approche nécessite la détermination en ligne de la validité v_i de chaque modèle M_i.

1.8 Exemple de mise en évidence

Pour illustrer l'apport en performances de l'approche multimodèle pour la modélisation des systèmes complexes, on considère un système simulé qui est caractérisé par trois zones de fonctionnement. La figure (1.10) présente le signal d'excitation ainsi que le signal de sortie correspondant.

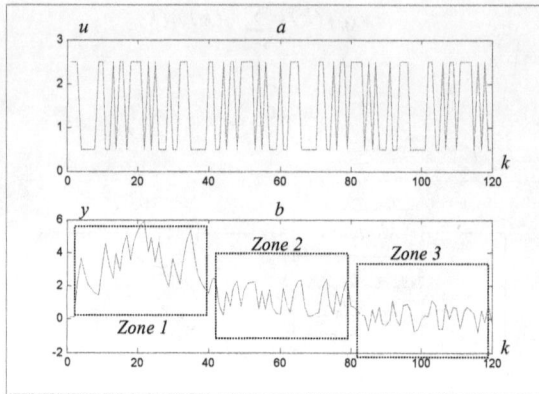

Figure 1.10. a. Evolution du signal d'excitation - b. Evolution du signal de sortie correspondante.

1.8.1 Modélisation par l'approche classique

L'approche classique de modélisation consiste à déterminer un seul modèle représentant le comportement global du système initial dans ses différentes zones de fonctionnement. L'obtention de ce modèle nécessite une estimation structurelle ainsi qu'une estimation paramétrique appliquées aux mesures d'identification données sur la figure (1.10). Dans le présent cas, l'ordre a été estimé par la méthode du test des Rapports de Déterminants Instrumentaux [Ben01, Lan88] et les paramètres ont été identifiés par exploitation de la méthode des moindres carrés récursifs [Ben01, Lan88] (voir chapitre 2).

Le modèle obtenu est décrit, alors, par la fonction de transfert $H(z^{-1})$ suivante :

$$H(z^{-1}) = \frac{0.7532 - 0.7012z^{-1}}{1 - 1.3196z^{-1} + 0.36529z^{-2}} \qquad (1.12)$$

1.8.2 Modélisation par l'approche multimodèle

La figure (1.10) montre bien que le système est caractérisé par trois zones de fonctionnement. De ce fait, on utilise les mesures de chaque zone pour élaborer un modèle. On a obtenu, finalement, les trois fonctions de transfert $H_1(z^{-1})$, $H_2(z^{-1})$ et $H_3(z^{-1})$ suivantes :

$$H_1(z^{-1}) = \frac{0.9999 - 0.1997z^{-1}}{1 - 0.7997z^{-1} + 0.1198z^{-2}} \qquad (1.13)$$

$$H_2(z^{-1}) = \frac{0.7499 - 0.2987z^{-1}}{1 - 0.6982z^{-1} + 0.2296z^{-2}} \qquad (1.14)$$

$$H_3(z^{-1}) = \frac{0.4999 - 0.3999z^{-1}}{1 - 0.5998z^{-1} + 0.3399z^{-2}} \qquad (1.15)$$

Ces trois modèles forment ce qu'on appelle base ou bibliothèque des modèles. Afin de déterminer la sortie du multimodèle, on a utilisé une simple commutation. En effet, on calcule à chaque itération, les distances entre chaque modèle de la base et le procédé. La sortie multimodèle correspond à la sortie du modèle dont la distance par rapport à la sortie réelle est minimale :

$$y(k) = y_m(k) \qquad (1.16)$$
$$\text{où } m = \arg\min(d_i)$$
$$\text{et } d_i = |y(k) - y_i(k)|$$

1.8.3 Validation et interprétation des résultats obtenus

Afin de pouvoir comparer les modèles obtenus; à savoir le multimodèle et le modèle global, on les a excité par un échelon unitaire. Les résultats obtenus sont illustrés sur la figure (1.11) qui montre les évolutions des sorties du multimodèle y_{MM}, du modèle global y_{MG} et du système réel y_{SR}. On remarque que la sortie y_{MM} suit bien la sortie y_{SR} avec une précision acceptable. Alors que, la sortie y_{MG} est très loin de la sortie cible y_{SR}. Ce qui montre d'une part, qu'une modélisation classique est, parfois, incapable de représenter convenablement un système relativement complexe. D'autre part, l'approche multimodèle a pu représenter le présent système avec une précision suffisante.

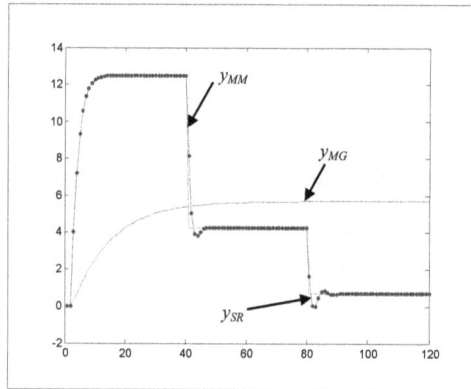

Figure 1.11. Évolutions des sorties du multimodèle, du modèle global et du système réel.

1.9   Conclusion

Ce chapitre a été consacré à la présentation de l'approche multimodèle pour la modélisation des systèmes complexes. Cette méthode consiste à représenter un système complexe par plusieurs modèles simples, décrivant les différentes zones de fonctionnement du système. L'ensemble de ces modèles forme ce qu'on appelle base ou bibliothèque de modèles. Ces modèles peuvent être génériques ou locaux. Suivant leurs natures, une technique de calcul de validités est choisie. En effet, si ces modèles sont génériques, une méthode de calcul de validités en ligne doit être utilisée. S'ils sont locaux, la séquence de commutation est, alors, soit connue a priori. Une méthode de calcul hors ligne ou une simple combinaison des modèles locaux peuvent suffire pour estimer le modèle global.

Dans les deux cas; à savoir le cas de modèles locaux ou génériques, le modèle global peut être obtenu, soit par commutation soit par fusion.

Malgré les avantages de l'approche multimodèle, on peut être confronté à des problèmes de mise en œuvre. Parmi ces problèmes, on cite celui de la détermination d'une base adéquate de modèles. Notre première contribution se situe à ce niveau. En effet, dans le deuxième chapitre, une nouvelle approche de génération systématique d'une base de modèles sera présentée et mise en œuvre sur des exemples pratiques.

CHAPITRE 2

Une Approche de Détermination Systématique d'une Base de Modèles

CHAPITRE 2

Une Approche de Génération Systématique d'une Base de Modèles

2.1 Introduction

Dans le premier chapitre, on a évoqué les problèmes rencontrés lors de l'application de l'approche multimodèle. Parmis ces problèmes, on cite celui de la détermination d'une base ou bibliothèque adéquate de modèles. Deux types de bibliothèques sont rencontrées dans la littérature; à savoir, une à modèles génériques et une autre à modèles locaux. Pour le premier type, une fois la base est construite, on est confronté aux problèmes du choix de l'instant de commutation et du modèle vers lequel on doit commuter. Autrement dit, on ne sait pas localiser les modèles génériques dans l'espace de fonctionnement. Alors que pour le deuxième type, la difficulté se situe au niveau de la décomposition de l'espace de fonctionnement en plusieurs zones de fonctionnement. Pour définir, dans ce dernier cas, la base de modèles, il suffit de trouver le meilleur modèle qui peut décrire correctement le comportement du système dans chaque zone de fonctionnement.

En résumé, pour construire une base de modèles, les questions suivantes sont généralement posées :

□ Combien faut-il choisir de modèles locaux ?

□ Quelle structure faut-il choisir pour ces modèles locaux?

❑ Comment estimer les paramètres de ces modèles ?

Pour répondre à ces diverses interrogations, on propose, par la suite, une nouvelle approche de détermination systématique d'une base de modèles en utilisant la classification des données numériques par exploitation des réseaux de Kohonen.

Le présent chapitre est divisé en deux parties. Dans la première partie consacrée à la présentation des réseaux de neurones artificiels de Kohonen, on présente le principe, la structure ainsi que l'algorithme d'apprentissage des réseaux de neurones de Kohonen. Dans la deuxième partie, on donne une description détaillée de la nouvelle approche de détermination systématique d'une base de modèles. Pour mettre en évidence l'apport en performances de cette nouvelle approche, on envisage deux exemples de simulations numériques.

2.2 Les cartes topographiques de Kohonen

Les réseaux de neurones artificiels sont des modèles adaptatifs capables d'apprendre le comportement d'un système donné à partir d'un ensemble de mesures. De plus, ils sont capables de généraliser le comportement appris. En effet, ils essayent d'extraire les caractéristiques essentielles du système à partir des données qui leur sont présentées. La technique neuronale est assez commode et permet de réduire au maximum, le nombre de données nécessaires à l'obtention du modèle implicite et ceci sans avoir besoin de construire un modèle physique "traditionnel" représentant le système considéré. Contrairement aux modèles "traditionnels", qui sont "riches en théorie" et "pauvres en données", les réseaux de neurones artificiels sont "riches en données" et "pauvres en théorie" dans le sens qu'aucune connaissance a priori sur le système n'est demandée.

Kohonen a divisé les réseaux de neurones artificiels en trois catégories [Rit92] :

➢ Les réseaux de transfert de signal (Signal Transfert Network),

➢ Les réseaux de transition d'état (State transition networks),

➢ Les réseaux d'apprentissage compétitif (Competitive learning networks).

Dans la première catégorie, le signal d'entrée est transformé en un signal de sortie. En effet, les réseaux de neurones ont, généralement, un nombre de fonctions d'activation de base qui sont prédéfinies et paramétrées. L'apprentissage se manifeste par un ajustement externe supervisé des paramètres du système. A titre indicatif, on peut citer le perceptron multicouche MLP (Multi-Layer Perceptron), qui utilise la retro-propagation du gradient pour l'ajustement des poids et les réseaux à fonction d'activation radiale RBF [Rit92], [Nel01], [Nel96].

Pour les réseaux de transition d'état, le comportement dynamique du réseau est essentiel. En présentant un signal d'entrée, le réseau converge asymptôtiquement vers un état stable, qui représente la solution du problème présenté, par exemple, on peut citer les réseaux de Hopfield et les machines de Boltzmann [Shi97].

Dans les réseaux d'apprentissage compétitif ou réseaux auto-adaptatifs, tous les neurones du réseau reçoivent la même entrée. Des spécialistes ont observé, que dans de nombreuses zones du cortex, des colonnes voisines ont tendance à réagir à des entrées similaires. Dans les aires visuelles, par exemple, deux colonnes proches sont en correspondance avec deux cellules proches de la rétine. Ces observations ont mené Kohonen à proposer un modèle de carte topologique auto-adaptative qui permet d'extraire les caractéristiques de l'information, provenant du vecteur d'entrée, à partir des exemples disponibles.

Les réseaux auto-adaptatifs de Kohonen (Self Organizing Map : SOM) sont utilisés dans de nombreux problèmes tels que la classification, la réduction de dimension et l'extraction de caractéristiques, etc.

Pour le problème de classification, les réseaux auto-adaptatifs doivent classifier les exemples d'entrée et fournir en sortie la classe correspondante à une entrée donnée.

La dimension de la sortie du réseau doit être inférieure à celle de l'entrée dans le cas d'une réduction de dimension. Le réseau doit apprendre la correspondance optimale qui préserve les caractéristiques de l'information d'entrée.

Dans le cas d'un problème d'extraction de caractéristiques, le réseau apprend à effectuer une transformation pour avoir une représentation plus convenable pour des traitements ultérieurs.

2.2.1 Principe

Les cartes auto-adaptatives de Kohonen sont caractérisées par un apprentissage compétitif non supervisé puisque la sortie désirée n'est pas connue a priori. L'apprentissage est compétitif, car une compétition a lieu avant la modification des poids du réseau et ce sont seulement les neurones, qui ont gagné la compétition, ont le droit de changer leur poids.

La règle de Kohonen possède la propriété d'auto-organisation qui lui permet de regrouper un ensemble de données, présentées séquentiellement au réseau correspondant, autour d'un certain nombre de centroïdes représentatifs de classes de ces données.

2.2.2 Structure

Les réseaux de Kohonen sont constitués, généralement, de deux couches à savoir; une couche d'entrée et une couche de sortie. Cette dernière, qui constitue la carte de Kohonen, peut avoir soit une structure unidimensionnelle, soit une structure bidimentionnelle.

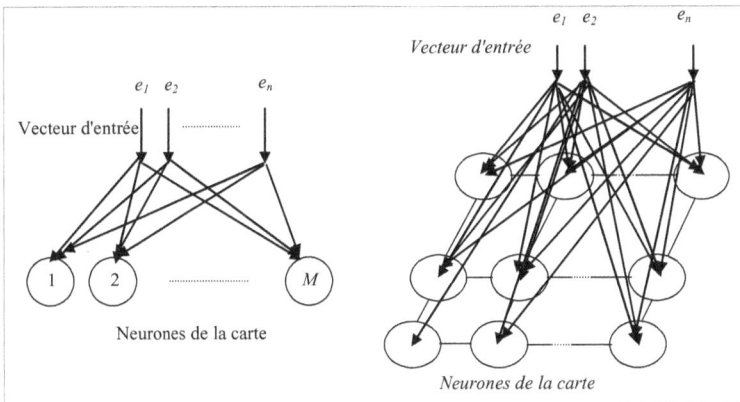

Figure 2.1 Différentes structures de la carte de Kohonen : structure unidimensionnelle et structure bidimensionnelle

On s'intéressera, dans la suite de ce travail, à la structure unidimensionnelle.

2.2.3 Apprentissage

L'apprentissage est déclenché en présentant une donnée x à l'entrée du réseau. C'est le neurone, dont le poids est le plus proche de l'entrée x, qui sera activée.

Autrement dit, le neurone activé c, doit vérifier :

$$\|x - \omega_c\| = min(\|x - w_i\|), \quad 1 \leq i \leq M \qquad (2.1)$$

où w_i est le vecteur poids, connectant les entrées (e_1, e_2,..., e_n) au neurone i.

M est le nombre de neurones de la couche de sortie.

Cette modification se traduit par un rapprochement du neurone c du vecteur d'entrée. Deux règles caractérisant l'algorithme de Kohonen; à savoir les règles de "*Winner takes all*" et de " *Winner takes most*".

2.2.3.1 Règle de "Winner takes all"

Cette règle n'introduit pas la notion de voisinage dans le réseau de Kohonen. En effet, la compétition dans la couche de sortie n'active qu'un seul neurone. Autrement dit, la modification ne concerne que le neurone dont le vecteur poids w_c est plus proche de l'entrée x. S'il y a plus d'un gagnant, on utilise une politique quelconque pour en choisir un seul.

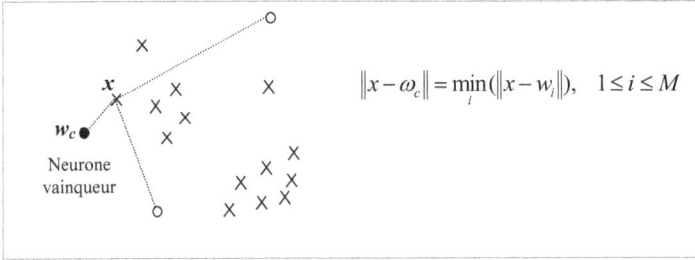

$$\|x - \omega_c\| = \min_i (\|x - w_i\|), \quad 1 \leq i \leq M$$

Figure 2.2 Sélection du neurone vainqueur c.

La variation de poids est donnée par :

$$w_i(k) = w_i(k-1) + \Delta w_i(k)$$

$$\text{où } \Delta w_i(k) = \begin{cases} \eta(x(k) - w_i(k-1)) & \text{pour } i = c \\ 0 & \text{pour } i \neq c \end{cases} \qquad (2.2)$$

avec η est le coefficient d'apprentissage :

$$0 < \eta \leq 1.$$

Cette modification déplace le vecteur de poids w du neurone gagnant c, d'une fraction η vers l'entrée x. Ceci peut être vu comme étant une force d'attraction exercée par x uniquement sur le vecteur de poids le plus proche.

Cette règle est souvent utilisée dans le cas de réseaux unidimensionnels, où la notion de voisinage n'est pas très importante.

2.2.3.2 Règle de "Winner takes most"

L'algorithme d'apprentissage introduit la notion de voisinage. En effet, la modification des poids ne concerne pas, seulement, le neurone vainqueur, mais encore les neurones se trouvant à son voisinage. Plus ces neurones, sont proches, plus la modification de leurs poids sera importante. L'équation de modification des poids est, alors, en fonction de la distance entre le neurone gagnant et ses voisins.

Pour rendre compte de l'interaction entre neurones, Kohonen propose de définir un voisinage V_c autour du neurone c. Ce voisinage peut être rectangulaire ou hexagonal de centre c (voir figure 2.3) [Sch99], [Nel01].

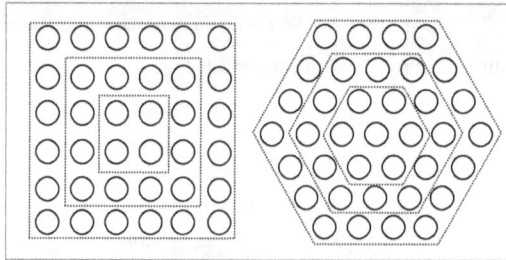

Figure 2.3. Exemples du voisinage rectangulaire et du voisinage hexagonal.

$$w_i(k) = w_i(k-1) + \Delta w_i(k)$$

$$\text{où } \Delta w_i(k) = \begin{cases} h(i,q)(x(k) - w_i(k-1)) & pour\ i \in V_c \\ 0 & pour\ i \notin V_c \end{cases} \qquad (2.3)$$

$h(i,q)$ est une fonction gaussienne qui s'appelle la *fonction de voisinage*. Cette fonction est maximale et vaut 1 pour $i=c$. Elle décroît, quand la différence (i-c) devient plus importante. La fonction h varie en fonction du voisinage V_c. Elle peut s'écrire, alors, sous la forme suivante [Hei94, Hel92]:

$$h(i,q) = \alpha(k) exp\left(-\frac{d(i,c)^2}{2\sigma^2(k)}\right) \qquad (2.4)$$

avec : $d(i,c)$ est la distance entre le neurone i et le neurone gagnant c.

σ est le "rayon" de voisinage.

$\alpha(k)$ est une fonction décroissante au cours du temps. Elle peut donner une idée sur la vitesse d'adaptation de l'algorithme. Cette fonction peut être définie comme suit :

$$\alpha(k) = \frac{C\alpha(0)}{C+k} \qquad (2.5)$$

avec k représente l'instant d'apprentissage.

C peut être choisi comme suit :

$$C = \frac{k_{max}}{100} \qquad (2.6)$$

et $\alpha(0)$ est la valeur initial de α. Elle est, généralement prise proche de 1.

$\alpha(k)$ peut être, encore, définie comme suit [Hel92] :

$$\alpha(k) = \alpha(0)(1 - \frac{k}{k_{max}}) \qquad (2.7)$$

2.2.3.3 Algorithme

L'apprentissage des réseaux de Kohonen peut être résumé par l'algorithme suivant :

1. Les vecteurs de poids sont initialisés aléatoirement.

2. Le réseau reçoit un ensemble d'entrées x.

3. Chaque neurone de la carte de Kohonen calcule la distance entre son vecteur poids et l'entrée x. La distance euclidienne pour un vecteur donné x se calcule comme suit :

$$\|x - w_i\| = \sqrt{\sum_{i=1}^{M} (x_i - w_i)^2} \qquad (2.8)$$

4. La compétition entre neurones de la carte de Kohonen est déclenchée. Cette compétition est basée sur l'une de stratégies présentées précédemment; à savoir la stratégie de "*Winner takes all*" ou celle de "*Winner takes most*". Il s'agit, pour les deux stratégies, de choisir le neurone dont la distance est la plus petite :

$$d_i = min_{1 \leq i \leq M}(d_i) \qquad (2.9)$$

et de déterminer :

$$c_i = arg(d_i)$$

5. Les poids de neurones de la carte sont mis à jour en utilisant l'équation (2.2) ou bien l'équation (2.3).

On recommence sur les ensembles des exemples jusqu'à la stabilisation complète des poids.

2.3 Détermination Systématique d'une base de modèles

Nous proposons une nouvelle approche de détermination d'une bibliothèque de modèles basée sur l'exploitation des réseaux de Kohonen. Notre approche consiste, dans un premier temps, à classifier les mesures d'identification et dans un deuxième temps, à exploiter les mesures relatives aux différentes classes pour déclencher une estimation structurelle et une identification paramétrique afin de déterminer les modèles locaux de notre bibliothèque [Tal02c], [Tal04]. Cette méthode se distingue essentiellement par :

- ❑ Une génération automatique du nombre de modèles locaux.

- ❑ Une génération automatique de modèles locaux.

Cette nouvelle approche peut être résumée par la figure (2.4). Les différentes étapes seront présentées, par la suite, en détails.

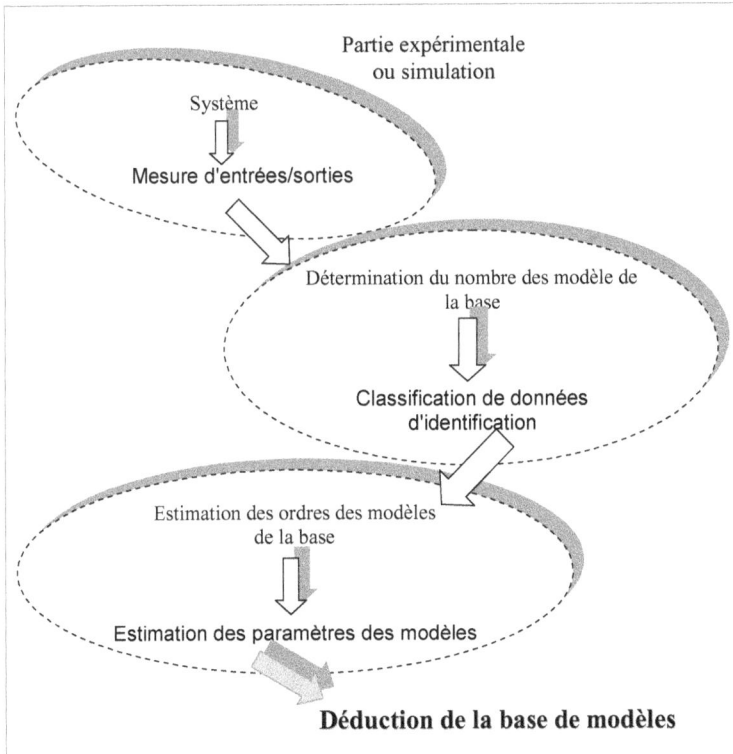

Figure 2.4. Schéma synoptique résumant la nouvelle approche de génération systématique d'une base de modèles.

2.3.1 Détermination du nombre des classes :

La classification des données numériques passe par une étape essentielle qui consiste à déterminer le nombre convenable de classes et par suite le nombre de modèles de la base à élaborer.

La méthode proposée pour résoudre ce problème consiste à considérer un réseau de Kohonen de structure maximale. Autrement dit, un réseau dont le nombre de neurones C dans la couche de sortie est suffisamment important afin de détecter toutes les particularités du système. Chaque classe représente un modèle. Après apprentissage, si le réseau donne des classes mal reparties du point de vue nombres de mesures, il s'agit, donc, d'enlever les classes i dont le nombre des éléments N_{Ci} vérifie la condition suivante :

$$N_{Ci} < \frac{1}{2} \frac{N_H}{C}$$ (2.10)

où N_H constitue le nombre de mesures considérées.

Ces classes conduisent à des modèles peu explicatifs du comportement du système global.

Cette méthode de détermination du nombre de modèles de la base est résumée par l'organigramme donné par la figure (2.5).

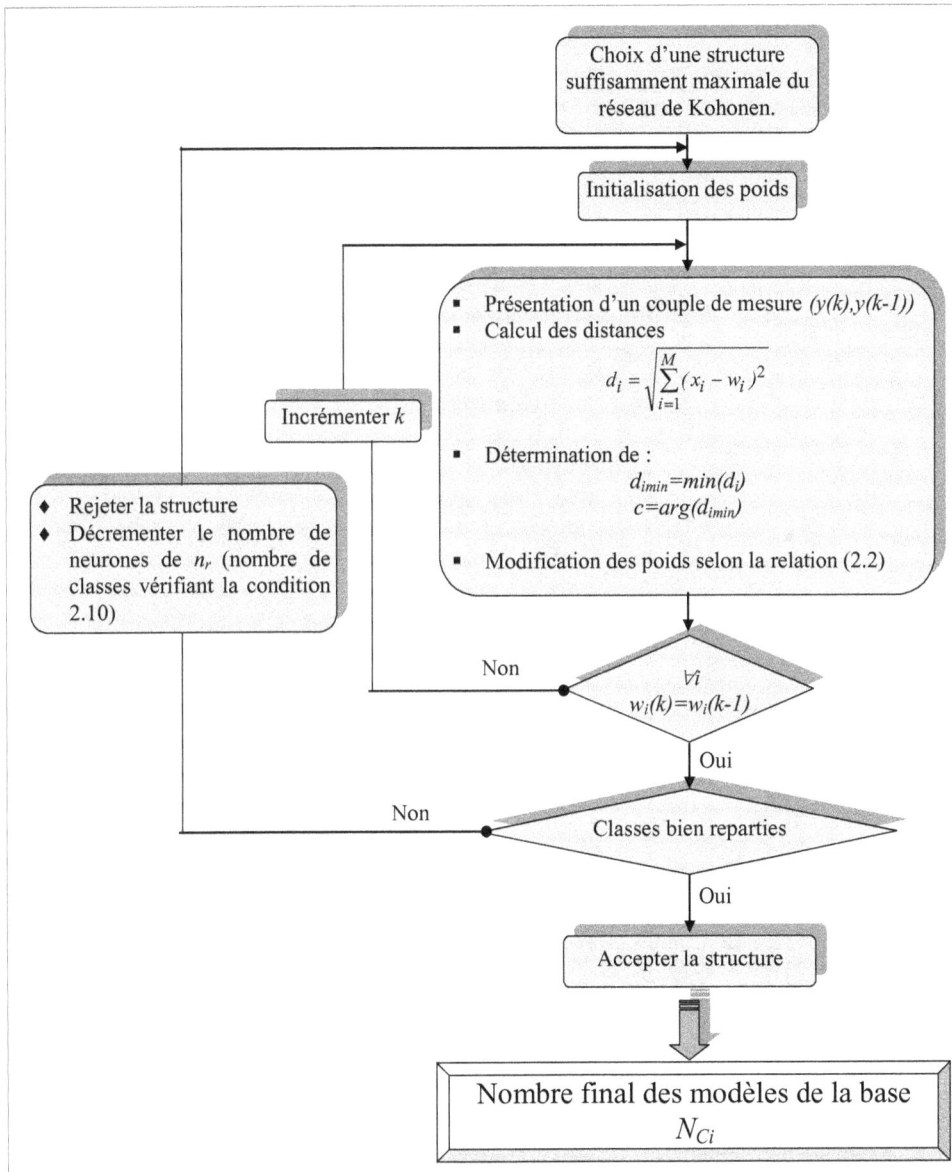

Figure 2.5. Organigramme relatif à la procédure de détermination du nombre des modèles de la base

Exemple 2.1

Soit un ensemble de mesures donné sur la figure (2.6). Il apparaît sur cette figure une distribution de données dans l'espace bidimensionnel (*e(k-1), e(k)*). Pour déterminer le nombre de classes convenable pour ces données numériques, on a considéré une carte de Kohonen à deux entrées, possédant 10 neurones dans la couche de sortie. A la fin de l'apprentissage, le réseau a donné la distribution de classes présentée sur la table 1.

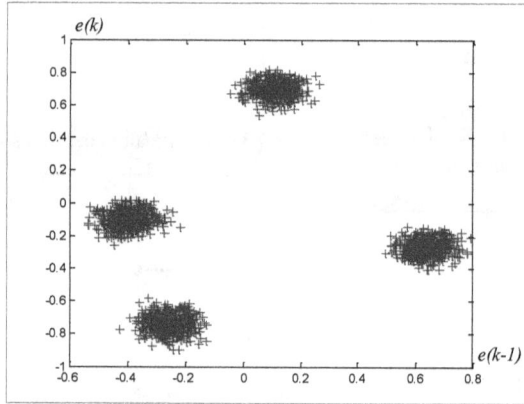

Figure 2.6. Une distribution arbitraire des données dans l'espace bi-dimensionnel

Classe i	1	2	3	4	5	6	7	8	9	10
N_{Ci}	0	125	0	136	0	125	114	0	0	0

Table 1. Distribution de données entre les différentes classes.

D'après le tableau précédent et en tenant compte de la condition donnée par la relation (2.10), les classes à rejeter sont 1, 3, 5, 8, 9 et 10. Donc, le nombre convenable de classes est égal à quatre.

2.3.2 Classification des données numériques par exploitation de la carte de Kohonen:

Il s'agit de classifier un ensemble donné des mesures relatives à la sortie d'un processus. De ce fait, on exploite un réseau de Kohonen, dont le nombre de neurones dans la couche de sortie, est égal au nombre de classes déterminé par la méthode décrite dans le paragraphe précédent. Ce réseau est capable de générer en sortie un ensemble de vecteurs représentatifs de classes avec leurs centres respectifs. En effet, grâce à la propriété d'auto-organisation de la règle de Kohonen, ce réseau permet de regrouper un ensemble de données, présentées séquentiellement aux neurones d'entrées, autour d'un certain nombre de centroïdes représentatifs de classes de ces données.

Le réseau de neurones exploité, et qui implémente la règle de Kohonen, est formé d'une seule couche d'entrée de m neurones et d'une seule couche de sortie de n neurones et correspondante à la carte de Kohonen [Nel01], [Sch99]. L'architecture de ce réseau est donnée par la figure (2.7). Chacun des neurones de la carte de Kohonen reçoit m signaux provenant de la couche d'entrée. Le poids w_{mn} est relatif à la connexion reliant le neurone m d'entrée au neurone n de la carte. Le vecteur W_i de poids associé au neurone i est alors formé de m éléments.

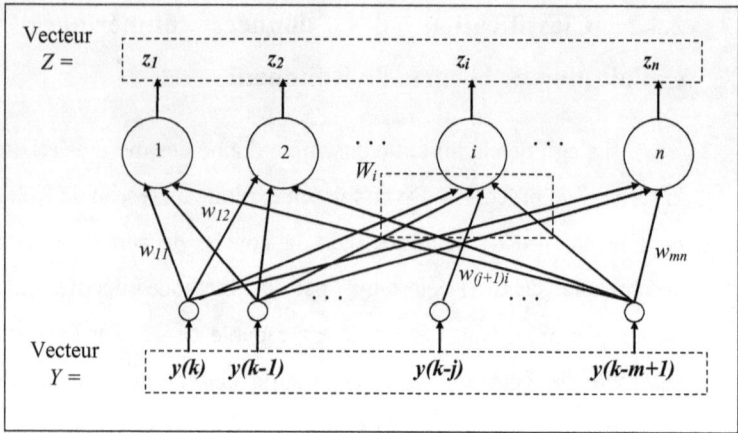

Figure 2.7. L'architecture retenue pour la génération de différents vecteurs d'observations utiles pour la modélisation.

La règle de Kohonen suit l'algorithme suivant :

1. Le réseau reçoit un vecteur d'entrée Y.

2. Chaque neurone de sortie de la carte calcule la distance euclidienne entre le vecteur de poids W_i et le vecteur d'entrée Y.

3. La compétition entre les neurones de la carte se déclenche. Cette compétition est basée sur la stratégie *"Winner takes all"*. Autrement dit, c'est le neurone dont le vecteur de poids W_i le plus proche de l'entrée Y qui gagne la compétition. La sortie z_i du neurone gagnant est mise à 1 et les sorties des autres sont, alors, mises à 0.

4. Les différents poids sont modifiés selon la relation suivante :

$$W_i^{nouveau} = W_i^{ancien} + \alpha (Y - W_i^{ancien}) z_i \qquad (2.11)$$

où α est une constante tel que $0 < \alpha \le 1$.

A la fin de l'apprentissage, le réseau de Kohonen génère alors les vecteurs représentatifs ainsi que les centres de différentes classes.

La figure (2.8) montre la structure générale d'un réseau d'auto-organisation de Kohonen.

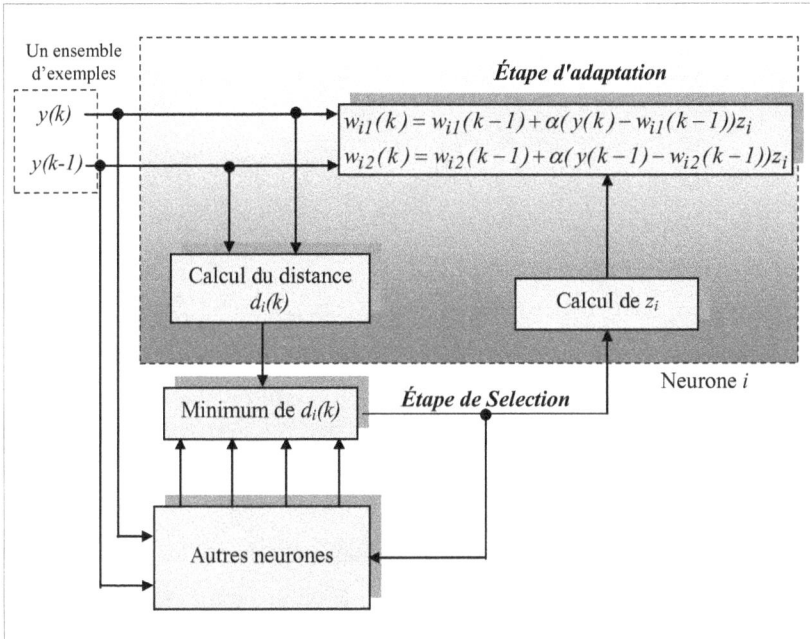

Figure 2.8. Structure générale d'un réseau d'auto-organisation de Kohonen.

Exemple 2.2

L'exemple suivant illustre une utilisation typique de l'architecture de la carte de Kohonen proposée. En effet, considérons la distribution arbitraire des données de la figure (2.6). Ces données sont présentées à une carte de Kohonen possédant quatre neurones dans sa couche de sortie. A la fin d'apprentissage, la carte de Kohonen a pu trouver quatre classes contenant chacune 125 points avec leurs centres respectifs dont les coordonnées sont les suivantes :

$$c_1(0.6364, -0.2663); c_2(0.1057, 0.6954); c_3(-0.3926, -0.1040) \text{ et } c_4(-0.2541, -0.7430)$$

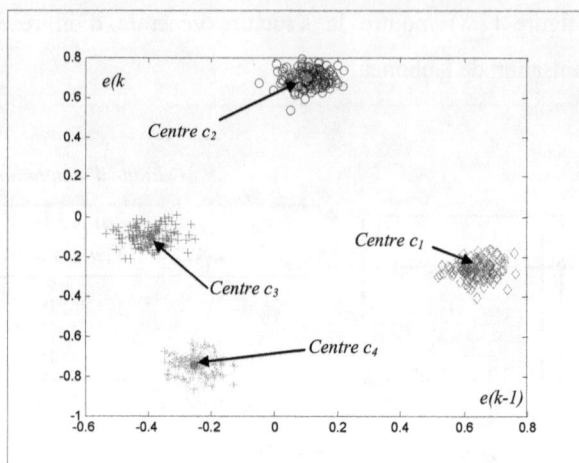

Figure 2.9. Quatre classes avec leurs centres respectifs obtenus après apprentissage d'un réseau de Kohonen.

2.3.3 Estimation structurelle

Il y a une large variété de choix, pour définir les modèles locaux associés aux classes obtenues. Néanmoins, il est recommandé d'utiliser des modèles locaux de structures simples. Principalement, les modèles linéaires décrits par des équations affines sont préférés, afin de pouvoir appliquer les techniques d'analyse de l'automatique linéaire aux modèles locaux.

Considérons un processus de type ARX, opérant dans un environnement déterministe, décrit par l'équation linéaire discrète de la forme suivante :

$$A(q^{-1})y(k) = q^{-d}B(q^{-1})u(k) \tag{2.12}$$

où *y(k)* et *u(k)* représentent, respectivement, les signaux de sortie et d'entrée du processus.

q^{-1} est l'opérateur retard.

d est le retard du processus.

$A(q^{-1})$ et $B(q^{-1})$ sont deux polynômes en fonction de l'opérateur retard (q^{-1}), définis comme suit :

$$A(q^{-1}) = 1 + a_1 q^{-1} + a_2 q^{-2} + \ldots + a_n q^{-n} \qquad (2.13)$$

$$B(q^{-1}) = b_1 q^{-1} + b_2 q^{-2} + b_3 q^{-3} + \ldots + b_n q^{-n} \qquad (2.14)$$

avec n est l'ordre du système.

La méthode retenue pour l'estimation de l'ordre n des modèles, est celle du Test de Rapports des Déterminants Instrumentaux [Ben01, Lan88]. Cette méthode consiste à construire une matrice Q_m dite d'information :

$$Q_m = \frac{1}{N_H} \sum_{k=1}^{N_H}
\begin{bmatrix}
u(k) \\
u(k+1) \\
u(k-1) \\
u(k+2) \\
\cdot \\
\cdot \\
\cdot \\
u(k-m+1) \\
u(k+m)
\end{bmatrix}
\begin{bmatrix}
y(k+1) \\
u(k+1) \\
y(k+2) \\
u(k+2) \\
\cdot \\
\cdot \\
\cdot \\
y(k+m) \\
u(k+m)
\end{bmatrix}^T
\qquad (2.15)$$

où N_H est le nombre d'observations.

Le Rapport des Déterminants Instrumentaux $RDI(m)$ est donné par la relation suivante :

$$RDI(m) = \left| \frac{det(Q_m)}{det(Q_{m+1})} \right| \qquad (2.16)$$

Pour chaque valeur de m, la procédure de détermination de l'ordre calcule les matrices Q_m et Q_{m+1} et évalue le rapport RDI. L'ordre m retenu est la valeur pour laquelle le rapport $RDI(m)$ augmente rapidement pour la première fois. En effet, la matrice Q_{m+1} devient singulière quand m s'identifie à l'ordre exact n.

2.3.4 Estimation paramétrique

Cette étape nécessite l'exploitation des méthodes d'identification existantes pour l'estimation paramétriques relatives aux différents vecteurs représentatifs de classes. La méthode retenue est la méthode des moindres carrés récursifs [Ben01], [Lan88], [Jea94].

Considérons le processus, décrit par l'équation (2.12). Cette dernière peut être écrite sous la forme suivante :

$$y(k) = \varphi(k-1)^T \theta \qquad (2.17)$$

où

$\varphi(k-1) = [y(k-1), y(k-2), ..., y(k-n), u(k-d), u(k-d-1), ..., u(k-d-n)]$

$\theta = [a_1, a_2, ..., a_n, b_0, b_1, ..., b_n]$

L'algorithme de moindres carrés récursifs est donné par les relations suivantes :

$$\varepsilon(k) = y(k) - \hat{\theta}^T(k-1)\varphi^T(k) \qquad (2.18)$$

$$P(k) = P(k-1) - \frac{P(k-1)\varphi^T(k)\varphi(k)P(k-1)}{1 + \varphi^T(k)P(k-1)\varphi(k)} \qquad (2.19)$$

$$\theta(k) = \theta(k-1) + P(k)\varphi^T(k)\varepsilon(k) \qquad (2.20)$$

où P est la matrice de covariance.

ε est l'erreur a priori entre les paramètres réels et les paramètres estimés.

2.3.5 Résumé

Toutes les étapes nécessaires pour la détermination d'une base des modèles pour l'identification multimodèle, sont résumées sur la figure (2.10).

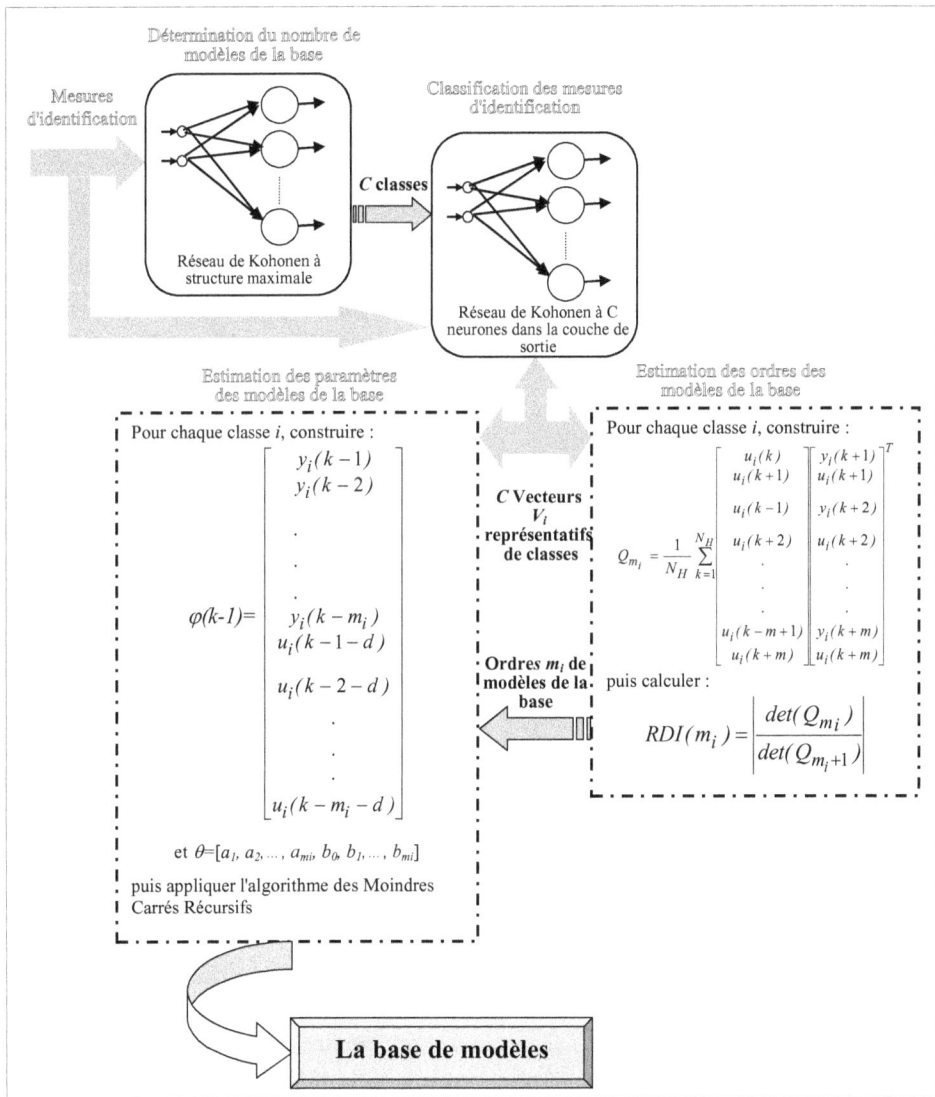

Figure 2.10. Schéma synoptique récapitulant la nouvelle approche de génération systématique d'une base de modèles.

2.4 Exemples de simulation

2.4.1 Exemple 1

2.4.1.1 Cas déterministe

On considère un système linéaire de second ordre à paramètres variant dans le temps, évoluant dans un environnement déterministe, décrit par l'équation discrète suivante :

$$y(k) = -a_1(k)y(k-1) - a_2(k)y(k-2) + b_1(k)u(k-1) + b_2(k)u(k-2) \quad (2.21)$$

où $y(k)$ et $u(k)$ représentent respectivement les signaux de sortie et d'entrée du processus,

Les lois de variation des paramètres sont données sur la figure (2.11).

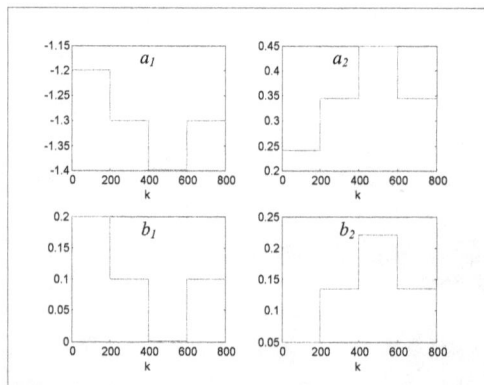

Figure 2.11. Lois de variation de paramètres du système considéré.

Ce type de variation est choisi de telle façon que, visuellement, on peut connaître que la base à déterminer contient trois modèles du second ordre qui sont données par les fonctions de transfert $H_{10}(z^{-1})$, $H_{20}(z^{-1})$ et $H_{30}(z^{-1})$ suivantes :

$$H_{10}(z^{-1}) = \frac{0.2z^{-1} + 0.05z^{-2}}{1 - 1.2z^{-1} + 0.24z^{-2}} \ ;$$ \hfill (2.22)

$$H_{20}(z^{-1}) = \frac{0.1z^{-1} + 0.135z^{-2}}{1 - 1.3z^{-1} + 0.35z^{-2}} \ ;$$ \hfill (2.23)

$$H_{30}(z^{-1}) = \frac{0.001z^{-1} + 0.22z^{-2}}{1 - 1.4z^{-1} + 0.45z^{-2}} \ ;$$ \hfill (2.24)

Il suffit donc d'appliquer la méthode de génération systématique d'une base de modèles proposée pour démontrer la validité des modèles obtenus.

Pour obtenir une bonne identification, le choix du signal d'entrée est d'une grande importance. Il est recommandé de choisir une séquence telle que toutes les fréquences et les amplitudes peuvent être excitées. D'après la littérature [Nel01] et puisque le système considéré est linéaire par partie, une Séquence $u(k)$ Binaire Pseudo-Aléatoire est suffisante pour obtenir un modèle décrivant le comportement global du système.

Afin de montrer l'apport en précision de l'approche proposée de détermination systématique d'une base de modèles, on a opté pour une comparaison avec les résultats obtenus par la modélisation classique.

a. Modélisation classique

L'approche classique de modélisation consiste à déterminer un modèle global décrivant le comportement du processus dans ces différentes zones de fonctionnement. Pour appliquer cette approche, on suppose que le processus est linéaire autour d'un point de fonctionnement. Cette approche consiste, dans un premier temps, à estimer l'ordre du système global en exploitant la méthode du test des déterminants instrumentaux, et dans un deuxième temps, à estimer ses paramètres par exploitation de la méthode des moindres carrés récursifs.

Le modèle final *"MG"* obtenu est décrit par la fonction de transfert suivante :

$$H(z^{-1}) = \frac{0.1005z^{-1} + 0.135z^{-2}}{1 - 1.3z^{-1} + 0.345z^{-2}} \qquad (2.25)$$

b.   *Approche multimodèle*

Il s'agit, ici, d'appliquer l'approche proposée de détermination systématique de la base de modèle.

① *Détermination du nombre des classes*

La première étape, consiste à déterminer le nombre adéquat de classes et par suite le nombre de modèles de la base recherchée. Pour cela, on a considéré un réseau de neurones de Kohonen possédant deux neurones d'entrées et dix neurones dans la couche de sortie. A la fin d'apprentissage du réseau retenu, on a pu obtenir, la répartition de mesures donnée sur la table 2.

Classe i	1	2	3	4	5	6	7	8	9	10
N_{Ci}	394	0	0	0	0	0	0	28	201	175

Table 2. La distribution de données obtenue après apprentissage du réseau.

D'après ce dernier tableau et en tenant compte de la relation (2.10), le nombre de classes convenable est égal à trois.

② *Classification des données*

La deuxième étape, consiste à classifier les données numériques d'identification relatives aux sorties du système considéré. En effet, on a considéré un réseau de Kohonen à deux entrées et trois neurones dans la couche de sortie.

- *Choix des paramètres du réseau de Kohonen*

Un facteur très intéressant qui peut dégrader ou améliorer la qualité ainsi que la rapidité de la classification obtenue est celui du choix des poids initiaux. En effet, la figure (2.12), montre les évolutions de trois poids de connexions lors de l'apprentissage du réseau retenu. Le choix des poids initiaux est effectué après plusieurs essais de simulations. Ces trois poids partent d'un même point de départ, puis chacun d'eux s'oriente vers une direction qui correspond à un groupement donné de mesures. A la fin de l'apprentissage, les poids évoluent très lentement jusqu'à leurs stabilisations totales. La position finale obtenue correspond aux centres des différentes classes.

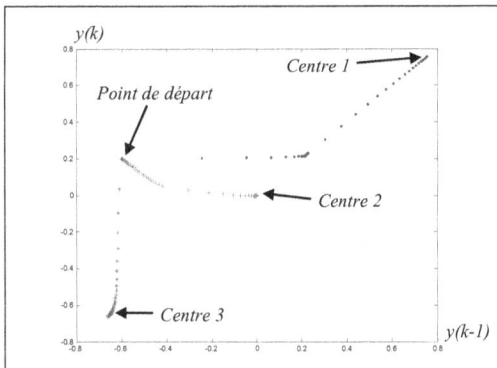

Figure 2.12. Déplacement de centres de classes lors d'apprentissage du réseau de Kohonen (1er cas)

Ce choix a pu donner des résultats de classifications satisfaisantes et ces n'est qu'après 50 itérations que ces poids ont pu trouver leurs positions stables. Un inconvénient de cette méthode aléatoire, est le risque d'avoir des poids initiaux loin des centres réels de classes. Ceci, peut rendre la convergence de l'apprentissage plus lente et même difficile. Un deuxième inconvénient, est que pour chaque exemple traité, on doit chercher les poids initiaux adéquats.

Pour remédier à cette difficulté, une règle pratique, déduite lors des simulations, consiste à choisir un vecteur poids initial situé au milieu des données à classifier. C'est à dire, il s'agit de choisir un vecteur initial de poids tel que :

$$W_{initial}=[(max(Y)+min(Y)) /2 \quad (max(Y)+min(Y))/2] \qquad (2.26)$$

où Y est le vecteur des mesures:

$$Y=[y(1), y(2), y(3),...,y(N)]$$

Le résultat d'application de cette règle, dans le présent cas, est donné sur la figure (2.13). En effet, sur cette figure, on a représenté les évolutions des poids du réseau durant l'apprentissage en exploitant le poids initial donné par la relation (2.26). On remarque que les poids initiaux ont pu retrouver les positions des centres de classes après 15 itérations. Donc, on a gagné sur la rapidité de convergence de l'algorithme d'apprentissage et par conséquent sur le temps de calcul.

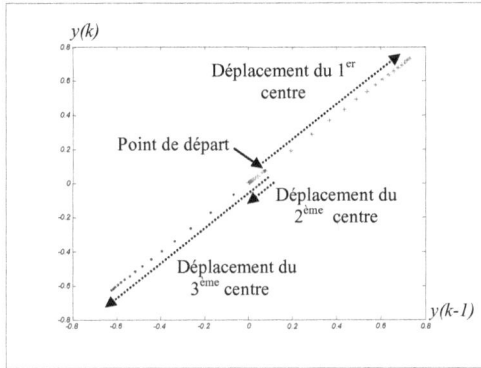

Figure 2.13. Déplacement des centres de classes lors d'apprentissage du réseau de Kohonen (2ème cas)

- *Classification des données*

La figure (2.14), donne trois ensembles de données relatifs aux différentes classes, obtenus après apprentissage du réseau. Cette figure fait apparaître, encore, les trois centres respectifs des trois classes obtenues.

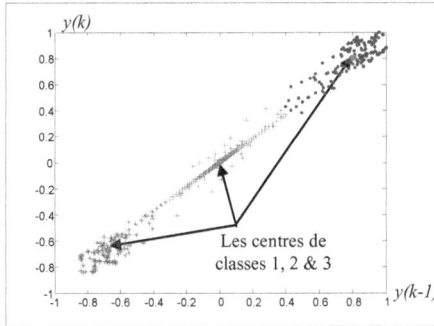

Figure 2.14. Trois ensembles de mesures relatifs aux trois classes obtenues.

③ *Estimation structurelle et paramétrique*

Une fois les trois classes obtenues, il s'agit d'estimer les structures ainsi que les paramètres relatifs à chacun des modèles de la base. L'estimation de l'ordre est assurée par recours à la méthode de

61

Test des Rapports de Déterminants instrumentaux décrite précédemment. Cette méthode a conduit à un ordre égal à deux pour les trois modèles de la base. En effet, les évolutions de rapport de Déterminants instrumentaux $RDI_i(m)$ relatives aux trois modèles de la base, données sur la figure (2.15), montrent que ces rapports augmentent brusquement pour la première fois pour un ordre $m=2$.

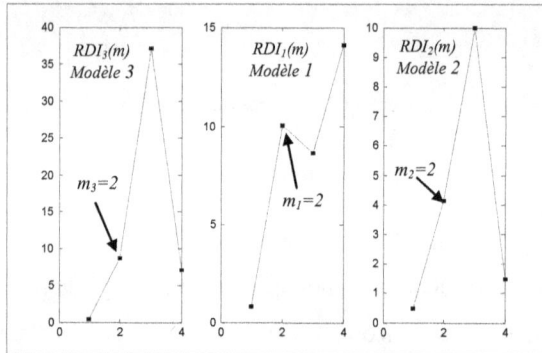

Figure 2.15. Évolutions des Rapports des Déterminants Instrumentaux $RDI_i(m)$ relatifs aux trois classes obtenues.

La méthode de moindres carrés récursifs adoptée pour l'estimation paramétrique de modèles de la base conduit aux paramètres donnés sur la table 3 suivant.

Modèle paramètres	1	2	3
a_1	- 1.1997	- 1.2773	- 1.4
a_2	0.23975	0.32246	0.44996
b_1	0.2	0.10802	0.00099972
b_2	0.05005	0.1294	0.22

Table 3. Les paramètres estimés des modèles de la base.

La dernière étape de la modélisation multimodèle consiste à déduire le modèle final *"MM"*. Ce dernier est obtenu par simple commutation entre les modèles de la base. En effet, pour chaque intervalle de variation des paramètres du système un seul modèle est valable. Ceci est déduit en calculant la distance entre les sorties des modèles et la sortie du système initial par la relation (2.27) :

$$r_i = |y(k) - y_i k)|$$ (2.27)

La sortie du multimodèle à l'instant k est égale à la sortie du modèle possédant la distance minimale. D'où :

$$y_{MM}(k) = y_m(k)$$ (2.28)

avec $m = arg\ min(d_i(k))$ pour $i \in [1,3]$

c. Validation

Pour valider les modèles obtenus; à savoir le modèle classique *"MG"* et le multimodèle *"MM"*, on a excité le système initial, décrit par la relation (2.21), ainsi que les modèles obtenus par la séquence d'entrée suivante [Tew88] :

$$u(k) = 2 + e^{(-0.2k)}\ sin(k/10)$$ (2.29)

La figure (2.16) laisse apparaître les évolutions des sorties du modèle global y_{MG} et du système réel y_{SR}. D'après cette dernière figure, on peut observer que le modèle global n'a pas pu représenter le comportement du système réel. En effet, une erreur relativement importante a été enregistrée dans ce cas (voir figure 2.18).

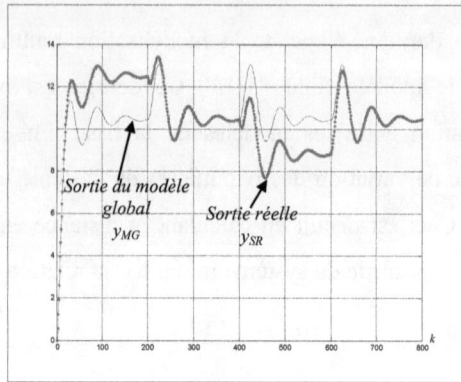

Figure 2.16. Évolutions des sorties du modèle global et du système initial (Cas déterministe)

Sur la figure (2.17), on a représenté les évolutions de la sortie du multimodèle y_{MM} et celle du système réel y_{SR}. Cette dernière figure montre que le multimodèle a pu représenter le comportement du système réel avec précision satisfaisante. En effet, une erreur relative relativement faible a été enregistrée (voir figure 2.18).

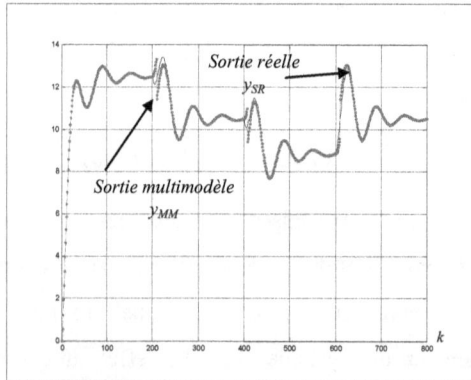

Figure 2.17. Évolutions des sorties du multimodèle et du système réel (Cas déterministe).

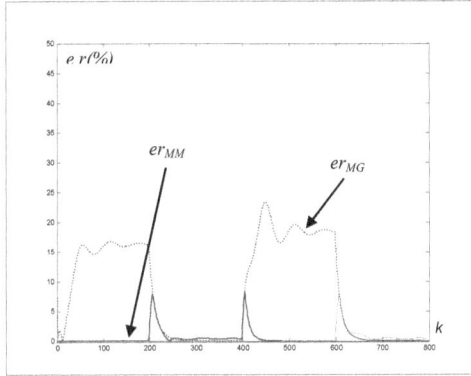

Figure 2.18. Évolutions des erreurs relatives en % (Cas déterministe)

2.4.1.2 Cas stochastique

Pour montrer la robustesse de l'approche proposée pour la génération systématique de la base, vis-à-vis de perturbations, on a considéré que le système linéaire, décrit par l'équation (2.21), est perturbé par un bruit blanc de moyenne nulle et de variance σ^2 égale à 0,2.

L'équation discrète décrivant le système est, donc, la suivante :

$$
\begin{aligned}
y(k) &= -a_1(k)y(k-1) - a_2(k)y(k-2) \\
&\quad + b_1(k)u(k-1) + b_2(k)u(k-2) + e(k)
\end{aligned}
\tag{2.30}
$$

Les lois de variation des paramètres sont données sur la figure (2.11).

Pour l'identification du présent système, on a conservé le même signal d'entrée que précédemment.

Afin de montrer l'efficacité et la robustesse de l'approche proposée, on a opté pour une comparaison avec la modélisation classique reposant sur un seul modèle.

65

a. Modélisation classique

Pour appliquer cette approche, on suppose que le système bruité est linéaire autour d'un point de fonctionnement. Les estimations structurelle et paramétrique, dans ce cas, ont conduit au modèle final *"MGS"* décrit par la fonction de transfert suivante :

$$H(z^{-1}) = \frac{0.13553z^{-1} + 0.12985z^{-2}}{1 - 1.2296z^{-1} + 0.27576z^{-2}} \qquad (2.31)$$

b. Approche multimodèle

La première étape de détermination du nombre adéquat de classes a conduit à un nombre de classes égal à trois.

Dans une deuxième étape, on a considéré un réseau de Kohonen à deux neurones d'entrée et trois neurones de sortie.

La figure (2.19), donne trois ensembles de données relatives aux différentes classes, obtenues après apprentissage du réseau. Cette figure laisse apparaître, encore les trois centres respectifs aux trois classes obtenues.

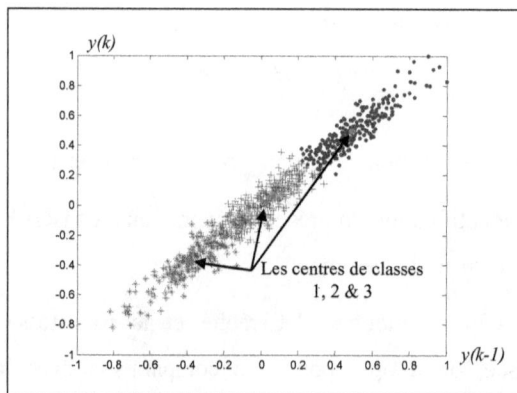

Figure 2.19. Trois ensembles de mesures relatifs aux trois classes obtenues.

L'estimation de l'ordre a conduit à un ordre égal à deux pour les trois modèles de la base. En effet, les évolutions de rapport de Déterminants instrumentaux $RDI_i(m)$ relatifs aux trois modèles de la base représentés sur la figure (2.20) montrent que ces rapports augmentent brusquement pour la première fois pour un ordre $m=2$.

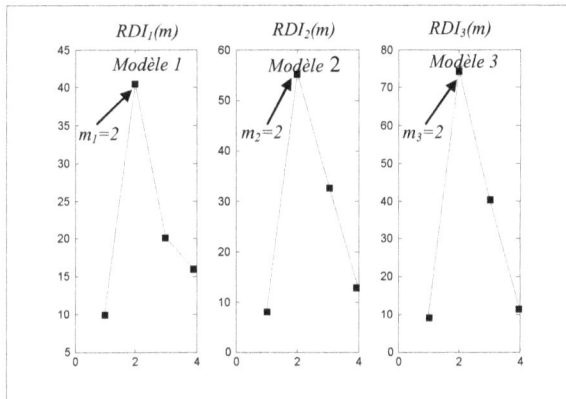

Figure 2.20. Évolutions des Rapports de Déterminants Instrumentaux $RDI_i(m)$ relatifs aux trois classes obtenues.

L'estimation paramétrique des modèles de la base a conduit aux paramètres donnés sur la table 4.

Modèle / paramètres	1	2	3
a_1	- 1.1942	- 1.3095	- 1.3664
a_2	0.23674	0.360847	0.42112
b_1	0.17508	0.11568	0.032515
b_2	0.09211	0.14964	0.22077

Table 4. Les paramètres des modèles de la base du système bruité.

La sortie multimodèle *"MMS"* est obtenue, finalement, en exploitant les relations (2.27) et (2.28).

c. Validation

Pour valider les modèles obtenus; à savoir le modèle classique *"MGS"* et le multimodèle *"MMS"*, on a excité le système réel, décrit par la relation (2.30), ainsi que les modèles obtenus par la séquence d'entrée donnée par l'équation (2.29).

Sur la figure (2.21), on a représenté les évolutions des sorties du modèle global y_{MGS} et du système réel y_{SRS} dans le cas stochastique. Cette figure montre que la sortie du modèle global obtenu est très loin du celle du système réel.

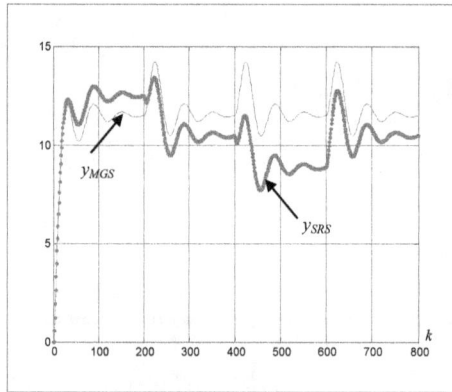

Figure 2.21. Évolutions des sorties du modèle global et du système réel (Cas stochastique).

La figure (2.22) fait apparaître les évolutions des sorties multimodèle et réelle dans le cas stochastique. Cette dernière montre que la sortie du multimodèle coïncide avec celle du système réel. En effet, la figure (2.23) donnant les erreurs relatives er_{MMS} et er_{MGS} confirme la précision de l'approche multimodèle.

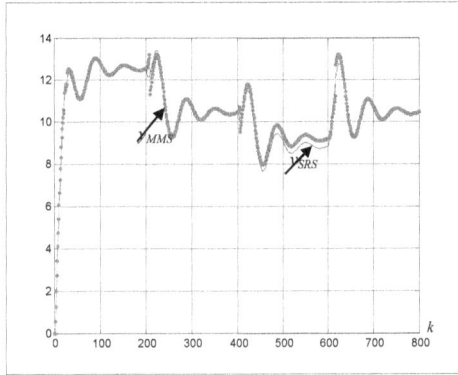

Figure 2.22. Évolutions des sorties multimodèle et réelle (Cas stochastique).

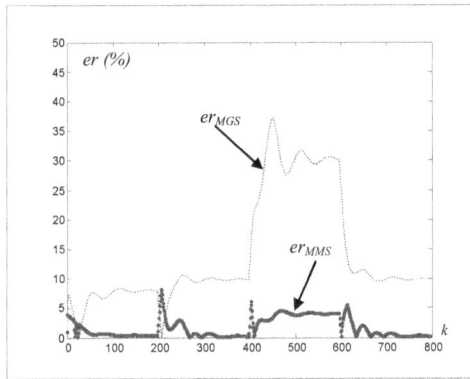

Figure 2.23. Évolutions des erreurs relatives en % (Cas stochastique).

2.4.2. Exemple 2

On considère un système linéaire du second ordre à paramètres variant dans le temps. Les lois de variation des paramètres, dans ce cas, sont différentes et sont données sur la figure (2.24).

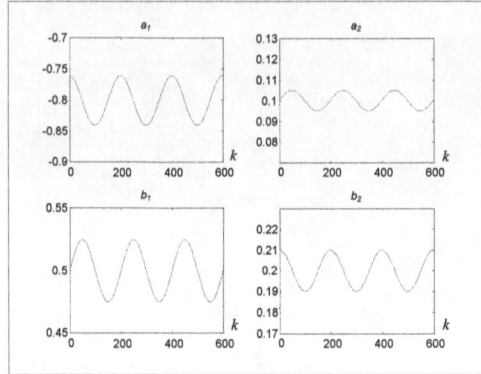

Figure 2.24. Lois de variation de paramètres du système considéré pour l'exemple 2.

a. Modélisation classique

Le modèle final *"MG"* obtenu suite à l'application de la méthode du Test de Rapports de Déterminants Instrumentaux pour l'estimation de l'ordre et de la méthode des moindres carrés récursifs pour l'estimation des paramètres, est décrit par la fonction de transfert suivante :

$$H(z^{-1}) = \frac{0.49802z^{-1} + 0.21097z^{-2}}{1 - 0.76034z^{-1} + 0.099369z^{-2}} \tag{2.32}$$

b. Approche multimodèle

① *Détermination du nombre des classes*

On a considéré un réseau de neurones de Kohonen possédant deux neurones d'entrées et dix neurones dans la couche de sortie. L'apprentissage a conduit à la répartition suivante :

Classe i	1	2	3	4	5	6	7	8	9	10
N_{Ci}	0	**201**	0	**99**	**298**	0	0	0	0	0

Table 5. La distribution de données après apprentissage.

D'après le tableau précédent et en tenant compte de la relation (2.10), le nombre de classes convenable est égal à trois.

② *Classification des données*

La figure (2.25) montre les évolutions des poids du réseau durant l'apprentissage. On remarque que les poids initiaux ont pu retrouver les positions des centres de classes après 20 itérations.

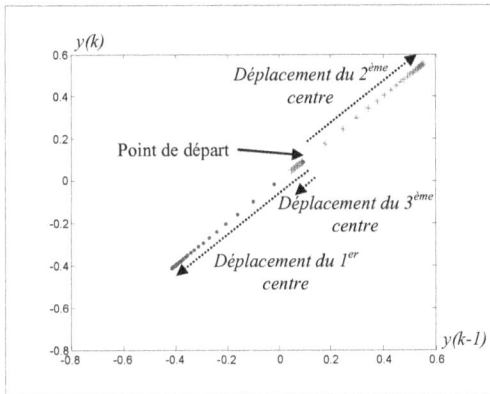

Figure 2.25. Déplacement des centres de classes lors d'apprentissage.

La figure (2.26), donne trois ensembles de données relatifs aux différentes classes, obtenus à la fin d'apprentissage du réseau, ainsi que leurs centres respectifs.

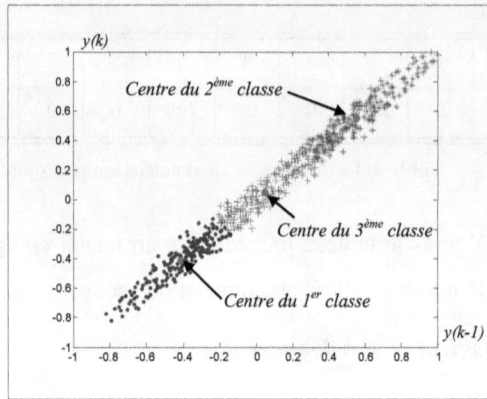

Figure 2.26. Trois ensembles de mesures relatives aux trois classes obtenues.

③ *Estimations structurelle et paramétrique*

Les évolutions de $RDI_i(m)$ relatives aux trois modèles de la base, représentés sur la figure (2.27), montrent que ces rapports augmentent brusquement pour la première fois pour un ordre $m=2$. D'où l'ordre adéquat de trois modèles de la base est égal à 2.

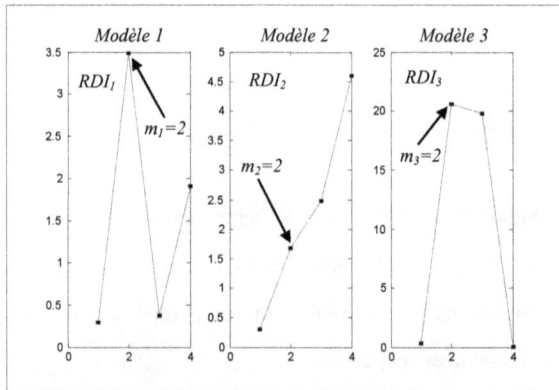

Figure 2.27. Évolutions des Rapports des Déterminants Instrumentaux $RDI_i(m)$ relatifs aux trois classes obtenues.

La méthode des moindres carrés récursifs appliquée pour l'estimation paramétrique des modèles de la base conduit aux paramètres résumés sur la table 6 suivant :

Modèle / paramètres	1	2	3
a_1	-0.76032	-0.80613	-0.84768
a_2	0.099358	0.10533	0.1142
b_1	0.49802	0.47683	0.48527
b_2	0.21098	0.19909	0.19221

Table 6. Les paramètres estimés des modèles de la base.

La dernière étape de la modélisation multimodèle consiste à calculer le modèle final "*MM*". Ce dernier est obtenu par exploitation des relations suivantes:

$$y_c(k) = \sum_{c=1}^{3} v_c(k) y_c(k) \tag{2.33}$$

$$\text{avec } v_c(k) = \frac{1 - \dfrac{r_c(k)}{\sum_{l=1}^{3} r_l(k)}}{2} \quad c \in [1,3] \tag{2.34}$$

$$\text{et } r_c(k) = |y(k) - y_c(k)|$$

c. Validation

Pour valider les modèles obtenus; à savoir le modèle global "*MG*" et le multimodèle "*MM*", on a excité le système réel et les modèles obtenus par la séquence d'entrée suivante [Nar95]:

$$u(k) = 2 + sin(k/20) \qquad (2.35)$$

La figure (2.28) donne les évolutions des sorties du modèle global y_{MG} et du système réel y_R. Cette dernière figure, montre que le modèle global n'a pas pu représenter convenablement le comportement du système réel. En effet, une erreur relativement importante est observée (voir figure 2.30).

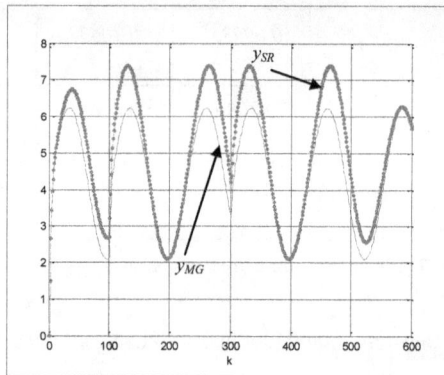

Figure 2.28. Évolutions des sorties du modèle global et du système réel.

Sur la figure (2.29), on a représenté les évolutions de la sortie du multimodèle y_{MM} et celle du système réel y_{SR}. Cette dernière figure montre que le multimodèle a pu suivre le comportement du système réel avec une précision satisfaisante. En effet, une erreur relative très faible entre les deux a été enregistrée (voir figure 2.30).

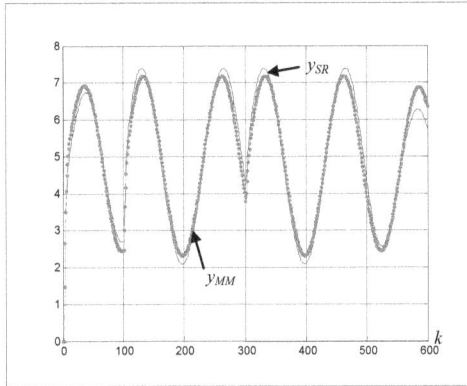

Figure 2.29. Évolutions des sorties du multimodèle et du système réel.

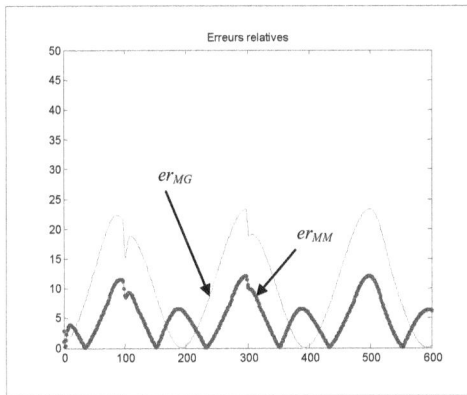

Figure 2.30. Évolutions des erreurs relatives en %.

Pour ce dernier exemple, on a montré qu'avec, uniquement un fichier de données d'identification (contenant des mesures d'entrées/sorties suffisamment riches en fréquence), la méthode proposée pour la génération systématique d'une base de modèles, a pu estimer le nombre, les structures ainsi que les paramètres des modèles de la base. En plus, on a pu montrer que cette méthode est robuste vis-à-vis des perturbations.

2.5   Conclusion

Dans ce chapitre, on a présenté dans une première partie, les réseaux de neurones de Kohonen. Le principe, la structure ainsi que l'algorithme d'apprentissage de ce type des réseaux sont aussi donnés.

Notre contribution se situe au niveau de la deuxième partie de ce chapitre. En effet, on a proposé une nouvelle approche de génération systématique d'une base de modèles par exploitation des réseaux de Kohonen. Cette approche ne nécessite aucune connaissance a priori sur le système étudié. Un fichier de données d'identification peut suffire pour que l'approche proposée estime le nombre, la structure ainsi que les paramètres des modèles de la base.

Afin de montrer l'efficacité et l'apport en performance en terme de précision de l'approche proposée, deux exemples de simulation ont été présentés. Il a été alors montré que l'approche proposée permet d'obtenir une base de modèles précise et rendant compte de la réalité comparativement à une modélisation globale. On a démontré, de plus, que la base de modèles proposée peut maintenir les performances souhaitées, même en présence de perturbations affectant les données d'identification exploitées.

CHAPITRE 3

Validités de Modèles

3.1 Introduction

3.2 Présentation des méthodes existantes

3.3 Nouvelle technique de calcul des validités

3.4 Exemples de simulation.

3.5 Conclusion

CHAPITRE 3

Validités de Modèles

3.1 . Introduction

Dans le deuxième chapitre, on a évoqué le problème de détermination d'une base de modèles. En effet, on a proposé une approche capable d'estimer, systématiquement, le nombre, les structures ainsi que les paramètres des modèles de la base. A chaque modèle de la base est associé, un coefficient dit, validité du modèle. On propose, dans ce chapitre, de traiter le problème de la décision à prendre à chaque instant quant au choix et à la valeur de la validité du modèle M_i. Bien entendu, les validités de modèles servent pour la détermination du modèle global et/ou pour l'élaboration d'une commande du processus.

A chaque instant, le modèle est évalué en estimant sa validité. Cette validité peut être estimée soit en ligne, soit hors ligne. Elle peut être estimée hors ligne si la modélisation est idéale ou bien locale. Tandis qu'elle est estimée en ligne, dans le cas d'une modélisation générique.

La nouvelle technique proposée, dans le présent chapitre, est une technique de calcul en ligne. Elle nécessite, uniquement, la connaissance a priori des centres de classes et de la sortie du processus. En effet, elle calcule, à chaque instant, la distance euclidienne entre la sortie du processus et les centres de différentes classes puis estime les validités des modèles de la base.

Le présent chapitre, est divisé en deux parties. On commence dans la première, par présenter les méthodes d'estimation des validités les plus connues. Ces méthodes sont classées suivant le type de modélisation adoptée; à savoir la modélisation idéale, la modélisation locale ou la modélisation générique.

La deuxième partie sera consacrée à la présentation de la technique de calcul de validité proposée. Cette technique se base sur la minimisation d'un critère quadratique qui fait intervenir l'écart entre la sortie du processus et les centres de différentes classes. Ces derniers sont obtenus dans la phase de détermination d'une base de modèles décrite dans le deuxième chapitre. Les validités obtenues sont exploitées par la suite, pour la détermination du modèle multimodèle ou/et pour la commande du processus.

Pour montrer l'efficacité de la technique proposée, on présentera deux exemples illustratifs de simulation.

3.2. Présentation des méthodes existantes

Plusieurs méthodes d'estimation des validités, ont été déjà présentées dans la littérature. Ces méthodes sont classées suivant les méthodes d'obtention des modèles qui sont liées aux connaissances disponibles sur le procédé. Trois types de modélisation peuvent être rencontrés; à savoir la modélisation idéale, la modélisation locale et la modélisation générique. La figure (3.1) résume ces différentes approches.

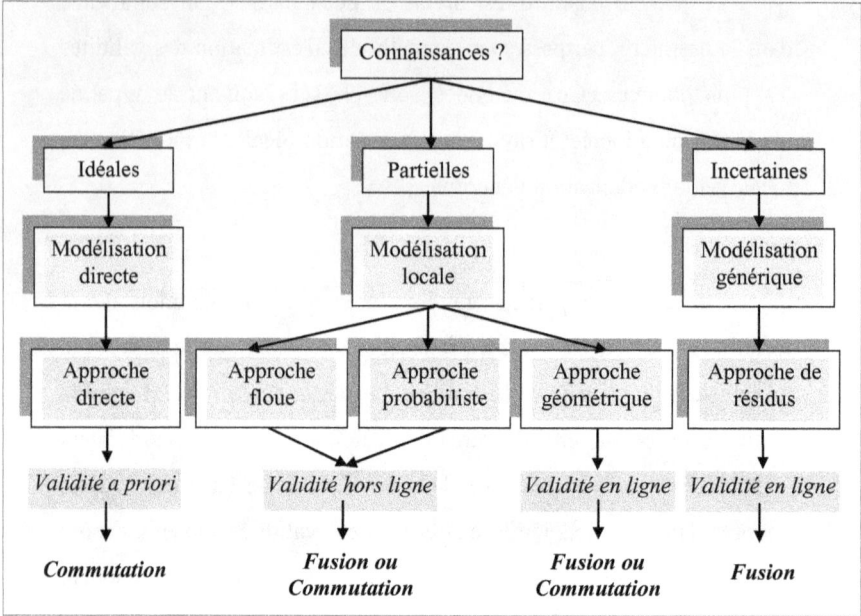

Figure 3.1. Classement des différentes méthodes de calcul des validités.

3.2.1. Modélisation idéale

Si on dispose d'informations a priori suffisantes sur le procédé, la modélisation permet d'obtenir un modèle exact. Dans ce cas, la validité du modèle M_i ne peut prendre que les deux valeurs 1 ou 0. En effet, si la validité du modèle M_i est égale à 0, cela signifie que ce modèle ne contribue pas dans le comportement global du processus à l'instant considéré. Autrement dit, ce modèle ne représente le processus en aucun cas. Si la validité du modèle est égale à 1, cela signifie que M_i recopie le comportement du processus à l'instant considéré. En résumé, à chaque instant, on a un seul modèle valide. Par conséquent, une simple commutation entre les différents modèles est suffisante pour obtenir le modèle ou/et la commande globale du système. Ceci présente le principe de *l'approche directe*.

L'avantage de cette approche est que la séquence de commutation est connue a priori. Cependant, elle nécessite une expertise idéale permettant d'acquérir suffisamment de connaissances sur le processus à étudier. De plus, le nombre de modèles formant la base peut être important.

3.2.2. Modélisation locale

Ce type de modélisation, contrairement à la modélisation idéale, exige moins de connaissances a priori sur le processus. En effet, elle se base sur la décomposition du domaine de fonctionnement en exploitant une technique de partition donnée. On distingue, principalement, trois techniques de partitions à savoir; la partition grille, la partition basée sur un arbre de décision et la classification [Gas00]. Chacune de ces techniques définit les plages de fonctionnement et identifie les variables mises en jeu pour caractériser les régimes de fonctionnement.

Ces régimes de fonctionnement peuvent être sans ou avec chevauchements. Dans chaque régime de fonctionnement, un modèle local est appliqué. Ces modèles sont par la suite combinés afin d'obtenir le multimodèle. Trois approches d'estimation de validités de modèles sont distinguées; à savoir l'approche floue, l'approche géométrique et l'approche probabiliste.

3.2.2.1. Approche floue

Cette approche consiste à construire, à partir des connaissances a posteriori sur le système, plusieurs domaines appelés domaines de validités relatifs à chaque modèle local [Del97], [Mez00]. Ces domaines peuvent avoir des chevauchements entre eux afin de pouvoir assurer des transitions douces d'un domaine à un autre.

Les ensembles flous et les méthodes d'interpolation sont utilisés pour réaliser ce type de transitions. En effet, ces ensembles sont caractérisés par des fonctions d'appartenances aux différents domaines de validités. Le mécanisme d'inférence résultant peut être considéré comme un algorithme d'interpolation permettant de déterminer la pondération des modèles locaux dans les différents régimes de fonctionnement suivant le point de fonctionnement considéré.

Soit, par exemple, un modèle M_i représenté par une fonction d'approximation f_i. L'approximation globale f est obtenue par une interpolation de différentes approximations locales :

$$f(k) = \sum_{j=1}^{C} f_j(k)\rho_j(k) \qquad (3.1)$$

où :

ρ_1, ρ_2,...sont appelés fonctions de validités. Ces fonctions vérifient, généralement, la condition suivante :

$$\sum_{j=1}^{C} \rho_j(k) = 1 \qquad \forall k \qquad (3.2)$$

Les fonctions de validités doivent être choisies de manière à assurer des propriétés lisses à l'approximation du système.

Cette approche est intéressante du fait qu'elle aide, d'une part, à faire disparaître les changements brusques lors de changement de domaines de validités. D'autre part, elle prend en compte tous les modèles à chaque instant. En revanche, elle présente des difficultés au niveau de la mise en œuvre des fonctions d'appartenance.

3.2.2.2. Approche probabiliste

Cette approche consiste à trouver la meilleure hypothèse possible, étant donné des observations et des connaissances statiques.

Il faut définir les probabilités a priori de réalisation de chaque modèle élémentaire, assimilé à une hypothèse, et les densités de probabilités liant l'environnement aux modèles.

Par exemple, une fonction peut être approximée par l'expression suivante :

$$f(k) = \sum_{j=1}^{C} f_j(k) P(j/k) \qquad (3.3)$$

où $P(j/k)$ est la probabilité a posteriori de réalisation du $j^{\text{ième}}$ modèle ou contrôleur local qui peut être calculée de différentes manières. Par exemple, en utilisant la loi de Bayes, la probabilité $P(j/k)$ s'écrit comme suit :

$$P(j/k) = \frac{p(k/j)\rho_j(k)}{\sum_{i=1}^{C} p(k/i)\rho_i(k)} \qquad (3.4)$$

avec :

$p(k/j)$ est la fonction de densité de probabilité pour l'entrée u, étant donné que le modèle d'indice j est le plus approprié.

$\rho_j(k)$ sont des fonctions de pondération. Ces fonctions vérifient la condition (3.2).

A l'étape de fusion, deux cas sont possibles :

1 *Fusion discontinue* : en choisissant le meilleur modèle possible.

2 *Fusion linéaire* : en assimilant les probabilités a posteriori à des degrés de validité.

La sortie globale serait, donc, obtenue en appliquant la formule suivante :

$$y_{MM}(k) = \sum_{j=1}^{C} P(j/k)y_j(k) \qquad (3.5)$$

Bien que ce type de validité soit calculé hors ligne, cette approche est difficile à mettre en œuvre. Ce qui la rend rarement utilisée en automatique.

3.2.2.3. Approche géométrique

Cette approche consiste à mesurer la distance de l'état actuel du processus au modèle considéré M_i (voir figure 3.2).

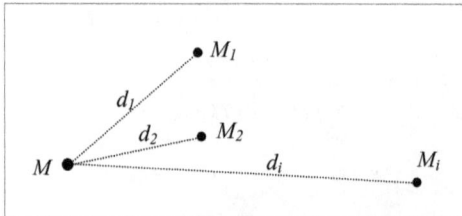

Figure 3.2. Distance géométrique.

La distance géométrique peut être calculée de plusieurs manières, la plus simple étant la distance des états [Kso99]:

$$d_j = \|x - x_M\| \tag{3.6}$$

où $\| \; \|$ est une norme, par exemple la norme euclidienne définie par :

$$\|x - x_M\| = (\sum_{i=1}^{C}(x_i - x_{Mi})^2)^{1/2} \tag{3.7}$$

avec $x = [x_1 \; x_2 \; ... \; x_n]$ le vecteur d'état du système,

$x_M = [x_{M1} \; x_{M2} \; ... \; x_{Mn}]$ le vecteur d'état d'un modèle de la base,

C le nombre de modèles de la base,

et n la dimension du vecteur d'état du processus et aussi du modèle.

N. B. On admet l'hypothèse que le système et les modèles de la base sont de même ordre.

Pour déterminer les validités des modèles M_j de la base, deux méthodes existent dans la littérature.

1ère méthode

❑ Si un seul modèle est valide, alors :

Il existe un modèle M_u ayant $d_u = 0$ et sa validité du modèle M_u vaut donc 1, par contre les validités des autres modèles M_j de la base sont nulles.

C'est-à-dire :

$$v_j = 0, \text{ avec } j = (1, ..., C) \text{ et } j \neq u \tag{3.8}$$

❑ Si au moins deux modèles sont valables, alors il existe au moins deux modèles M_p vérifiant :

$$d_p=0 \text{ avec } p=1,\dots,C_l \text{ où } C_l \geq 2 \qquad (3.9)$$

Les validités des modèles M_p de la base sont tels que :

$$v_p=1/C, \text{ avec } p=1,\dots,C_l \qquad (3.10)$$

et les validités des autres modèles $v_j=0$, $\forall j \neq p$

2ème méthode

Dans le cas général, la validité v_j d'un modèle M_j est donnée par la relation suivante :

$$v_j = 1 - \frac{d_j}{\displaystyle\sum_{j=1}^{C} d_j} \quad \forall j = 1,\dots,C \qquad (3.11)$$

La validité renforcée [Dub95], [Del97] est donnée par l'expression suivante :

$$v_j = (1 - \frac{d_j}{\displaystyle\sum_{j=1}^{C} d_j}) \prod_{\substack{i=1 \\ i \neq j}}^{C} (1 - e^{-(\frac{d_i'}{\sigma})^2}) \quad \forall j = 1,\dots,C \qquad (3.12)$$

avec :

$$d_j' = \frac{d_j}{\displaystyle\sum_{j=1}^{C} d_j} \quad \forall j = 1,\dots,C \qquad (3.13)$$

En résumé, cette approche se base sur le calcul de la distance d_j à partir des variables d'état mesurées sur le système et celles du modèle M_j. Cependant, si ces variables sont non mesurables, il est nécessaire d'utiliser des observateurs. Dans [Del97], [Kso99], une étude sur les observateurs tels que celui de Kalman et de Luenberger a été présentée en détail. Cette étape rend cette approche plus complexe et nécessite une étude relativement compliquée.

3.2.3. Modélisation générique

Ce type de modélisation, comme dans le cas de modélisation locale, nécessite certaines connaissances a priori. Par contre, les domaines de validités ne sont pas connus a priori. De ce fait, une fusion en ligne est recommandée pour déterminer soit le modèle global, soit la commande multimodèle du processus [Mez00].

L'approche utilisée dans ce cas est l'approche de résidus.

Approche de résidus

Cette approche est très utilisée en surveillance. Elle se base sur une comparaison de quelques variables estimées avec les véritables valeurs. Ceci est exploité pour la détection de défauts des actionneurs et des capteurs.

Dans l'approche multimodèle, cette méthode est utilisée pour l'estimation des validités des modèles de la base. En effet, cette approche nécessite comme connaissance a priori, uniquement, les sorties des modèles et la réponse du système.

A l'instant k, le résidu est calculé comme suit :

$$R_i(k) = |y(k) - y_j(k)| \qquad (3.14)$$

avec :

$y(k)$ est la sortie du processus à l'instant k.

$y_j(k)$ est la sortie du modèle M_j à l'instant k.

Comme illustré sur la figure (3.3), on génère les résidus, à partir des sorties de modèles M_j et du processus. Ces résidus sont exploités pour en déduire les validités de différents modèles de la base.

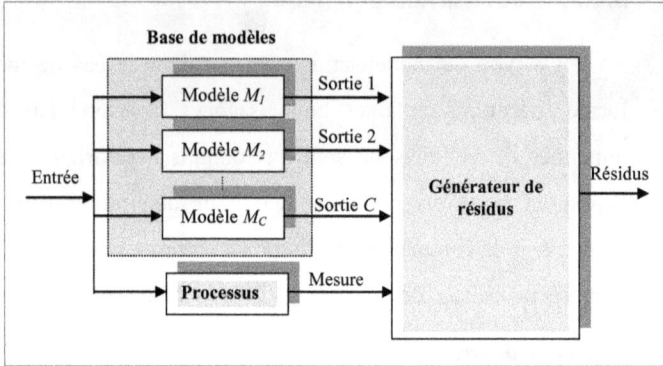

Figure 3.3. Génération de résidus.

Pour que le résidu soit compris entre 0 et 1, une étape de normalisation est nécessaire. D'où :

$$R_{in}(k) = \frac{R_i(k)}{\sum\limits_{i=1}^{C} R_i(k) + \varepsilon} \tag{3.15}$$

ε est un coefficient de faible valeur par rapport à 1, sa présence évite la division par 0. Par exemple, ε est de l'ordre de 10^{-3}.

La validité des modèles varie d'une façon inverse aux résidus. Elle peut être définit comme suit :

$$v_j(k) = 1 - R_{in}(k) \tag{3.16}$$

Généralement, on choisit les validités telles qu'à chaque instant leur somme soit égale à l'unité. Soit par exemple :

$$v_{jS}(k) = \frac{v_j(k)}{C-1} \qquad (3.17)$$

Cette approche, malgré sa simplicité de mise en œuvre, possède des inconvénients. En effet des perturbations sur les validités peuvent apparaître. Ces perturbations sont dues à l'influence des "bons" modèles sur les "mauvais" modèles [Del97].

Pour remédier à ce problème, une étape de renforcement a été proposée. Deux types de validités renforcées sont présentés dans la littérature :

a. Type 1

La validité renforcée s'écrit en fonction de l'expression de la validité simple [Del97], [Mez00], [Dub95]:

$$v_j^{renf}(k) = v_{jS}(k) \prod_{\substack{i=1 \\ i \neq j}}^{C} (1 - v_{iS}(k)) \qquad (3.18)$$

La validité renforcée normalisée est définie par :

$$v_{jn}^{renf}(k) = \frac{v_j^{renf}(k)}{\sum_{i=1}^{C} v_i^{renf}(k)} \qquad (3.19)$$

b. Type 2

Le deuxième type de validité renforcée est donné par la relation suivante :

$$v_j^{renf}(k) = v_{jS}(k) \prod_{\substack{i=1 \\ i \neq j}}^{C} (1 - e^{-(\frac{R_{in}(k)}{\sigma})^2}) \qquad (3.20)$$

avec σ est un nombre positif permettant de contrôler la transition entre les différents modèles de la base :

$$0 < \sigma \leq 1$$

La normalisation de la relation (3.20) conduit à :

$$v_{jn}^{renf}(k) = \frac{v_j^{renf}(k)}{\sum_{i=1}^{C} v_i^{renf}(k)} \qquad (3.21)$$

Pour les deux types de validités renforcées précédents, toutes les validités sont multipliées par une fonction décroissante de toutes les autres validités. Par conséquent, si un modèle M_i est parfaitement valable, c'est-à-dire :

$$\text{Si } v_i(k)=1 \text{ alors } v_j^{renf}(k) = 0 \ \forall \ j=(1,\dots,n) \text{ et } j \neq i \qquad (3.22)$$

3.3. Nouvelle technique de calcul des validités

La technique envisagée concerne la modélisation locale. En effet, cette technique est basée sur la minimisation d'un critère quadratique exprimé en fonction des centres de classes et la sortie du système étudié [Lta04], [Tal03], [Tal04].

Cette technique est applicable pour tout type de systèmes complexes; à savoir, systèmes non linéaires, systèmes à paramètres variables dans le temps, etc. L'application de cette technique nécessite, uniquement, la connaissance a priori des centres de classes et de la sortie du système réel. Avec ces données, un mécanisme de décision permet d'évaluer la contribution des différents modèles dans le comportement global du système, en calculant la différence entre la sortie du processus réel et les centres des différentes classes. On en déduit, par suite, les validités de différents modèles de la base.

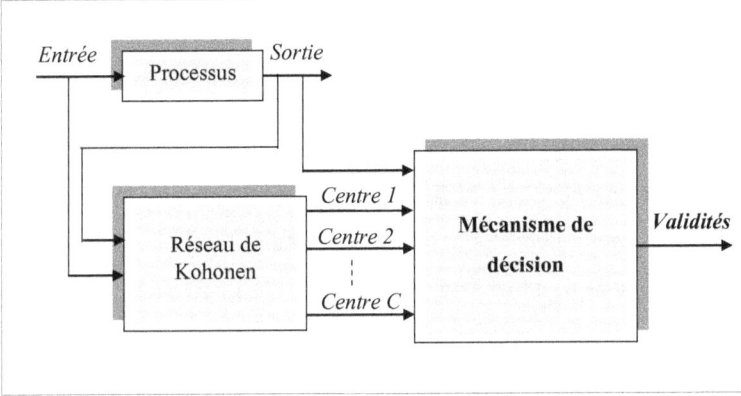

Figure 3.4. Génération de validités par la nouvelle technique proposée.

3.3.1. Calcul des validités

3.3.1.1 Position du problème

La méthode de calcul de validités v_j proposée est inspirée de la version floue "c-means" de l'algorithme de classification "k-means" [Nel01]. Elle repose sur la minimisation d'un critère faisant intervenir l'écart entre la sortie du processus et les centres de différentes classes. Ce critère est le suivant :

$$J = \sum_{j=1}^{C} \sum_{k=1}^{N} v_j^2(k) \left\| y(k) - c_j \right\|^2 \tag{3.23}$$

$$\text{avec} \quad \sum_{j=1}^{C} v_j(k) = 1 \tag{3.24}$$

où :

$v_j(k)$ représente le degré de validité du modèle j à l'instant k.

y représente la sortie du système.

C est le nombre de modèles locaux.

c_j représente le centre de la classe j.

3.3.1.2 Résolution

Le critère (3.23) exprime un problème d'optimisation sous contrainte égalité du premier ordre [Pie88]. La résolution de ce problème nécessite la détermination de l'équation de Lagrange. En effet, pour que $v_j(k)$ soit un extremum local du critère J, il est nécessaire de trouver un réel λ tel que le Lagrangien L du problème qui s'écrit comme suit :

$$L(v_j(k),\lambda)=J+\lambda g(v) \qquad (3.25)$$

soit stationnaire par rapport à $v_j(k)$ et λ, c'est-à-dire :

$$\frac{\partial L(v_j(k),\lambda)}{\partial v_j(k)}=0 \quad \text{et} \quad \frac{\partial L(v_j(k),\lambda)}{\partial \lambda}=0 \qquad (3.26)$$

où λ est le multiplicateur de Lagrange associé à la contrainte égalité.

Les relations (3.26) conduisent au système suivant :

$$\begin{cases} 2v_1(k)\left\|y(i)-c_1\right\|^2+\lambda=0 \\ 2v_2(k)\left\|y(i)-c_2\right\|^2+\lambda=0 \\ \vdots \\ 2v_j(k)\left\|y(i)-c_j\right\|^2+\lambda=0 \\ \vdots \\ 2v_C(k)\left\|y(i)-c_C\right\|^2+\lambda=0 \\ v_1(k)+v_2(k)+...+v_j(k)+...+v_c(k)=1 \end{cases} \qquad (3.27)$$

Soit :

$$\begin{cases} \left\{ v_j(k)/2v_j(k)\left\|y(k)-c_j\right\|^2 + \lambda = 0, j \in [0,C] \right\} \\ \displaystyle\sum_{l=1}^{C} v_l(k) = 1 \end{cases} \tag{3.28}$$

Les relations (3.28) impliquent :

$$v_j(k) = \frac{-\lambda}{2\left\|y(k)-c_j\right\|^2} \tag{3.29}$$

Ce qui donne :

$$\sum_{l=1}^{C} \frac{-\lambda}{2\left\|y(k)-c_l\right\|} = 1 \tag{3.30}$$

En remplaçant l'expression de λ tirée de la relation (3.30) dans l'équation (3.29), On peut en déduire donc, l'expression du degré de validité d'un modèle M_j à l'instant i. En effet, la relation (3.30) conduit à :

$$\lambda = -\sum_{l=1}^{C} 2\left\|y(k)-c_l\right\|^2 \tag{3.31}$$

D'où,

$$v_j(k) = \frac{\displaystyle\sum_{l=1}^{C} 2\left\|y(i)-c_l\right\|^2}{2\left\|y(i)-c_j\right\|^2} \tag{3.32}$$

Soit :

$$v_j(k) = \frac{1}{\displaystyle\sum_{l=1}^{C} (A_j^2(k)/A_l^2(k))} \tag{3.33}$$

Où $A_j^2(k) = \left\| y(k) - c_j \right\|^2$;

$\|.\|$ représente la norme euclidienne (figure 3.5).

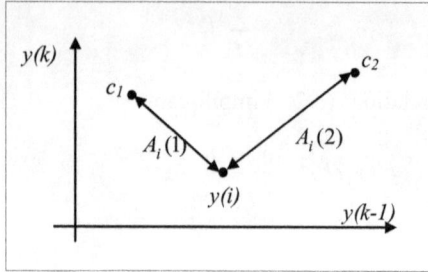

Figure 3.5. Distance euclidienne illustrée par la nouvelle approche de calcul de validité.

3.3.2. Calcul de la sortie multimodèle

La sortie multimodèle est obtenue par fusion linéaire des sorties de modèles locaux pondérées par leurs validités respectives. La relation (3.34) donne l'expression de la sortie multimodèle finale :

$$y_{MM}(k) = \sum_{i=1}^{C} y_i(k) v_i(k) \qquad (3.34)$$

Les validités $v_i(k)$ sont calculées en utilisant la relation (3.33).

3.4 .Exemples de simulation

Pour montrer l'intérêt de la méthode de calcul de validités proposée, on considère un système linéaire du second ordre à paramètres variant dans le temps décrit par la relation suivante :

$$y(k) = -a_1(k)y(k-1) - a_2(k)y(k-2) + b_1(k)u(k-1) + b_2(k)u(k-2)$$

$$(3.35)$$

On notera par la suite :

> er_c : l'erreur relative entre la sortie du système réel et la sortie multimodèle utilisant la méthode de résidus pour le calcul des validités.

> er_n : l'erreur relative entre la sortie du système réel et la sortie multimodèle utilisant la nouvelle méthode proposée pour le calcul des validités.

> y_{MMc} : la sortie multimodèle utilisant la méthode de résidus pour le calcul des validités.

> y_{MMn} : la sortie multimodèle utilisant la nouvelle méthode proposée pour le calcul des validités.

> y_{SR} : la sortie du système réel.

3.4.1 Exemple 1

Dans ce premier exemple, les lois de variations de différents paramètres du procédé sont données sur la figure (3.6).

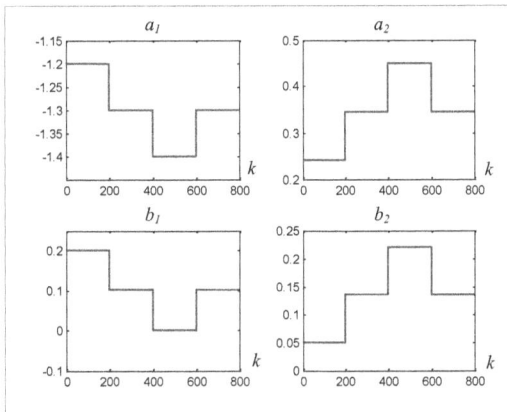

Figure 3.6. Les lois de variation du système étudié.

3.4.1.1 Détermination de la base de modèles

Les estimations structurelle et paramétrique des modèles de la base à élaborer à partir de trois ensembles de données relatifs aux différentes classes obtenus après apprentissage du réseau de Kohonen [Tal02c], a donné les trois fonctions de transfert de second ordre $H_1(z)$, $H_2(z)$ et $H_3(z)$ suivantes :

$$H_1(z^{-1}) = \frac{0.18805z^{-1} + 0.0067454z^{-2}}{1 - 1.1633z^{-1} + 0.20493z^{-2}} \qquad (3.36)$$

$$H_2(z^{-1}) = \frac{0.10008z^{-1} + 0.13518z^{-2}}{1 - 1.3013z^{-1} + 0.34643z^{-2}} \qquad (3.37)$$

$$H_3(z^{-1}) = \frac{0.010377z^{-1} + 0.20741z^{-2}}{1 - 1.351z^{-1} + 0.4004z^{-2}} \qquad (3.38)$$

3.4.1.2 Détermination de la sortie multimodèle

La sortie du multimodèle est obtenue par fusion de trois sorties $y_1(k)$, $y_2(k)$ et $y_3(k)$ de modèles de la base comme suit :

$$y_{MM}(k) = v_1(k).y_1(k) + v_2(k).y_2(k) + v_3(k).y_3(k) \qquad (3.39)$$

où $v_1(k)$, $v_2(k)$ et $v_3(k)$ sont les validités de modèles de la base et sont calculées par les deux méthodes décrites précédemment; à savoir, la méthode de résidus et la nouvelle méthode proposée.

3.4.1.3 Validation

❑ **Approche de résidus**

Les résultats de validation donnés sur la figure (3.7), suite à l'application de la séquence d'entrée suivante :

$$u(k) = 0.5 + e^{(-0.05k)}cos(k\pi/30); \qquad (3.40)$$

montre que la sortie $y_{MMc}(k)$ du multimodèle est incapable de représenter le comportement du système réel avec une précision acceptable. Ceci est illustré aussi par la figure (3.11) qui présente l'évolution de l'erreur relative er_c.

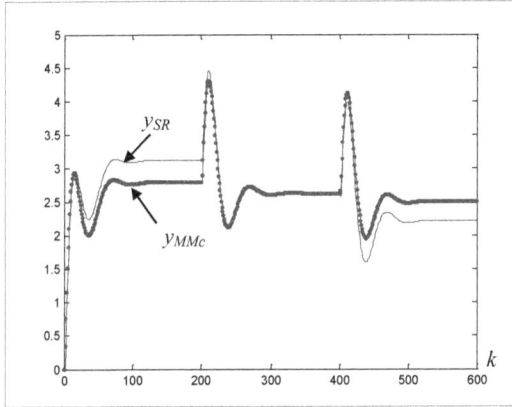

Figure 3.7. Évolutions des sorties multimodèle et réelle (Méthode de résidus).

Les évolutions de trois validités sont données sur la figure (3.8). Cette figure montre qu'un modèle ne peut jamais être totalement valide (toutes les validités sont différentes de 1). Ceci ne représente pas correctement la réalité car à chaque intervalle, un seul modèle est valable comme illustré par la figure (3.6).

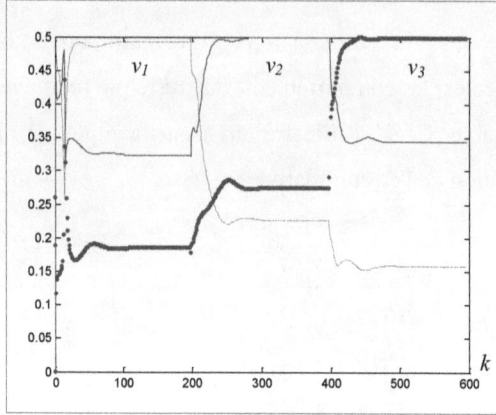

Figure 3.8. Évolutions des validités calculées par la méthode de résidus.

❑ *Nouvelle approche de calcul de validités*

L'approche proposée de calcul de validités utilise les centres de classes obtenus lors de l'étape de détermination de la base de modèles. Les coordonnées de trois centres c_1, c_2, c_3 obtenus sont les suivants :

c_1 *(0.5704, 0.5713);* c_2 *(0.0016, 0.0017);* c_3 *(-0.5614; -0.5625);*

Les évolutions de différentes validités de modèles, dans ce cas, sont données par la figure (3.9). Cette figure montre que notre méthode améliore nettement les résultats par comparaison avec les résultats fournis par la méthode des résidus. En effet, un modèle peut être totalement valide (validité égale à l'unité). *Exemple* : dans l'intervalle [200, 400], le modèle M_2 est totalement valide d'où une validité égale à 1, les validités des autres modèles sont nulles.

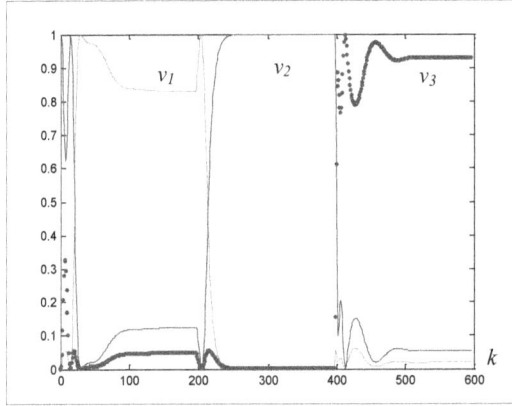

Figure 3.9. Évolutions des validités obtenues par la méthode proposée.

Les résultats de validation, suite à l'application de la séquence d'entrée (3.40), montre que la sortie effective $y_{MMn}(k)$ du multimodèle suit correctement la sortie du système réel. Ceci est illustré, aussi, par la figure (3.11) qui présente l'évolution de l'erreur relative er_n.

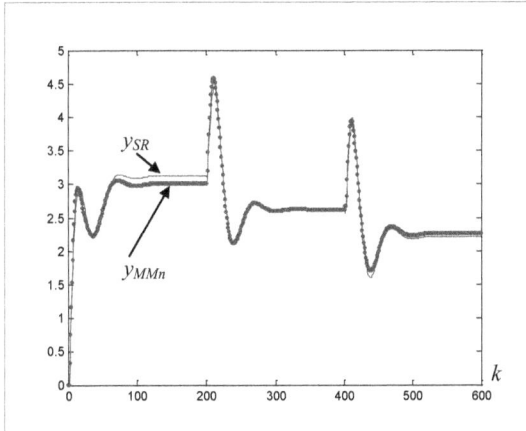

Figure 3.10. Évolutions des sorties multimodèle et réelle (Nouvelle Technique).

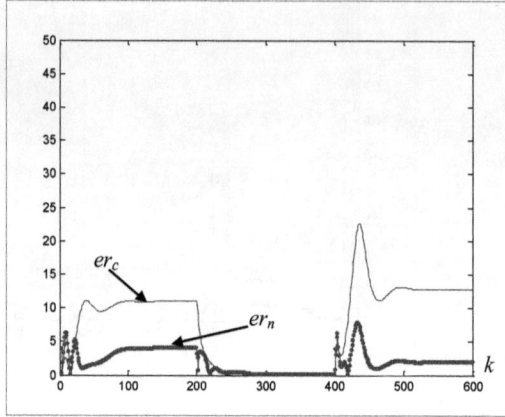

Figure 3.11. Évolutions des erreurs relatives en %.

3.4.2 Exemple 2

Les lois de variation des paramètres, pour cet exemple, sont données sur la figure (3.12) :

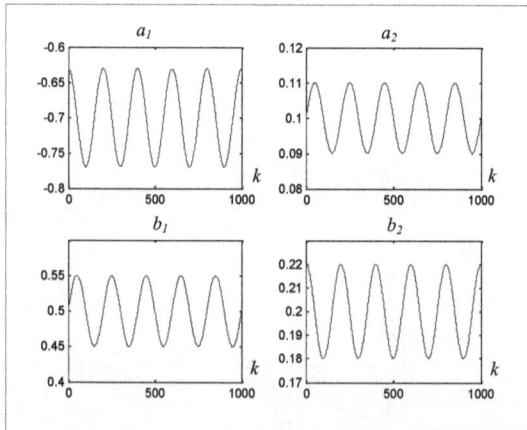

Figure 3.12. Lois de variation du système étudié.

L'application de l'approche de détermination systématique d'une base de modèles, présentée dans le deuxième chapitre, a conduit aux trois modèles décrits par les fonctions de transfert de second ordre $H_1(z)$, $H_2(z)$ et $H_3(z)$ suivantes :

$$H_1(z^{-1}) = \frac{0.50705z^{-1} + 0.20143z^{-2}}{1 - 0.70089z^{-1} + 0.096957z^{-2}} \tag{3.41}$$

$$H_2(z^{-1}) = \frac{0.51099z^{-1} + 0.1853z^{-2}}{1 - 0.75314z^{-1} + 0.09879z^{-2}} \tag{3.42}$$

$$H_3(z^{-1}) = \frac{0.486z^{-1} + 0.20795z^{-2}}{1 - 0.66099z^{-1} + 0.10329z^{-2}} \tag{3.43}$$

La sortie effective du multimodèle se calcule par fusion des trois sorties de modèles de la base suivant la relation (3.39), en utilisant les validités de modèles calculées par les deux méthodes décrites précédemment; à savoir, l'approche de résidus et la nouvelle technique proposée.

Les résultats de validation, suite à l'application d'une nouvelle séquence d'entrée donnée par :

$$u(k) = 0.2 + e^{(-1-0.05k)} \, sin(k/7), \tag{3.44}$$

montre que la sortie effective $y_{MMn}(k)$ du multimodèle suit la sortie réelle du système avec une erreur relativement faible. Alors que, celle obtenue à partir des expressions classiques de validités $y_{MMc}(k)$ a pu suivre la sortie réelle mais avec une erreur relativement importante. En effet, les erreurs de prédiction des deux sorties $y_{MMn}(k)$ et $y_{MMc}(k)$ par rapport à la sortie réelle montrent bien la précision apportée par la nouvelle approche de calcul de validités (figure 3.13) relativement à l'approche de résidus.

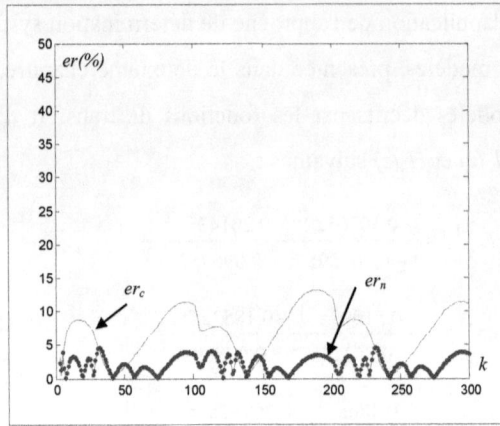

Figure 3.13. Évolutions des erreurs relatives en %.

Les figures (3.14) et (3.15) laissent apparaître les évolutions des validités calculées respectivement par l'approche de résidus et par la nouvelle technique proposée. La première figure montre que, si le nombre de modèle de la base est supérieur à deux, la méthode de résidus génère des validités qui ne dépassent jamais dans ce cas la valeur 0.5. Ce problème est résolu par la nouvelle technique proposée, comme le confirme la figure (3.15).

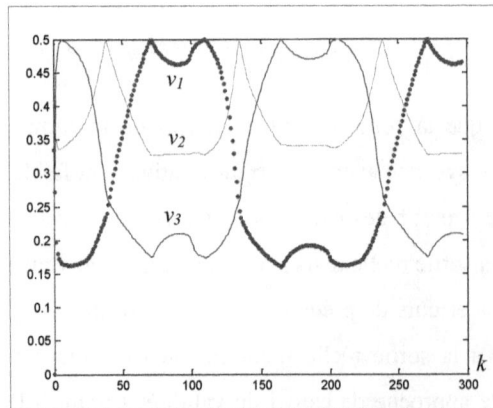

Figure 3.14. Évolutions des validités (approche de résidus)

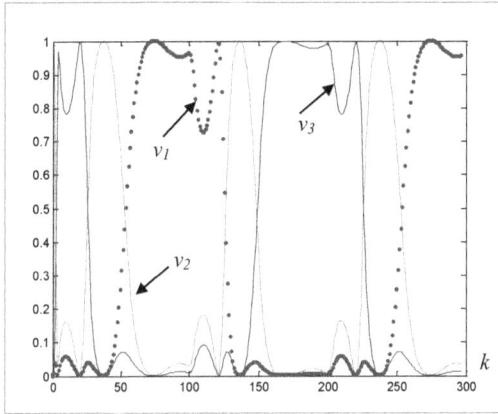

Figure 3.15. Évolutions des validités (méthode proposée).

3.5 . Conclusion

Dans ce chapitre, on a présenté, dans une première partie, les différentes approches d'estimation de validités, existantes dans la littérature. Ces approches sont définies suivant la méthode d'obtention de la base de modèles. En effet, selon les connaissances disponibles sur le système étudié qui peuvent être idéales, partielles ou bien incertaines, on peut choisir respectivement la modélisation directe, locale ou bien générique. Ainsi, la commutation est conseillée pour la modélisation directe, l'approche floue, l'approche probabiliste ou l'approche géométrique sont utilisées pour la modélisation locale et finalement l'approche des résidus est recommandée pour la modélisation générique.

Dans une deuxième partie, on a proposé une nouvelle technique de calcul de validité. Cette technique nécessite, uniquement la connaissance de la sortie du système réel et les centres de différentes classes obtenues dans la phase de détermination de la base de modèles.

Deux exemples de simulations ont été, par la suite, présentés. Ces exemples ont montré l'apport en performance de la nouvelle technique de calcul de validités par comparaison avec l'approche de résidus. En effet, on a montré que l'approche de résidus est incapable de donner une estimation correcte des validités des modèles. Par contre, notre méthode a amélioré d'une manière nette la précision et a pu estimer correctement les validités des différents modèles de la base.

Les résultats satisfaisants de simulation, nous ont encouragés à proposer la mise en œuvre pratique sur des procédés réels de l'approche de génération systématique d'une base de modèles et de vérifier notre nouvelle méthode de calcul des validités. Ceci fera l'objet du chapitre suivant.

CHAPITRE 4

Mise en Œuvre Pratique de l'Approche Multimodèle sur des Procédés Réels

4.1. Introduction

4.2. Mise en évidence pratique de l'approche multimodèle.

4.3. Validation expérimentale de la nouvelle technique de calcul de validités

4.4. Conclusion

CHAPITRE 4

Mise en Œuvre Pratique de l'Approche Multimodèle sur des Procédés Réels

4.1 Introduction

Ce chapitre est consacré à la validation expérimentale d'une part de l'approche de détermination systématique de la base de modèle présentée dans le deuxième chapitre et d'autre part de la nouvelle technique de calcul de validités proposée dans le chapitre précédent.

Les exemples expérimentaux choisis sont des systèmes électriques du premier ordre et du second ordre à paramètres variables dans le temps et un réacteur d'estérification d'huiles d'olives. Des fichiers de mesures d'identifications sont enregistrés en temps réel. Ces fichiers sont exploités, par la suite, hors ligne, pour la génération d'une base de modèle en vu d'élaboration du modèle global.

Ce chapitre est divisé en deux parties. La première consiste à mettre en évidence l'apport en performance de l'approche déjà proposée de détermination systématique d'une base de modèle. Trois applications en temps réel seront présentées. La première application est un circuit de premier ordre à gain variable. La deuxième est un réacteur d'estérification d'huiles d'olives. La troisième application utilise les deux systèmes du premier et du second ordre. La deuxième partie de ce chapitre sera consacrée à la présentation de la validation expérimentale de la nouvelle technique de calcul de validités. Deux applications réelles sont considérées dans ce cas; à savoir, un système du premier ordre à gain variable et un autre système du premier ordre mais à gain et à constante du temps variables.

4.2 Mise en évidence pratique de l'approche multimodèle

4.2.1 Processus réel 1 : système du premier ordre à gain variable

4.2.1.1 Description

Le processus considéré est un circuit électrique dont le schéma électrique est donné sur la figure (4.1).

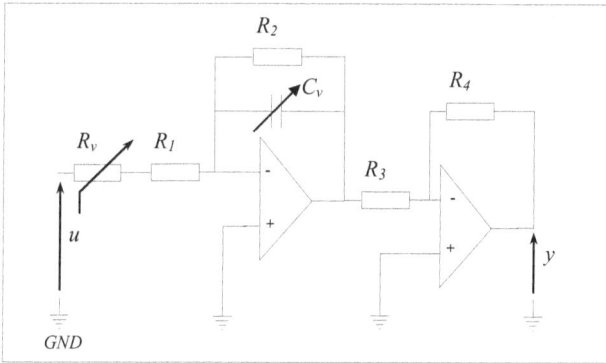

Figure 4.1. Le procédé réel considéré.

Avec :

u et y sont respectivement l'entrée et la sortie du processus.

R_1, R_2, R_3 et R_4 sont quatre résistances à valeurs constantes, telles que : $R_3 = R_4$.

R_v est une résistance variable telle que :

$$R_{v\,min} \leq R_v \leq R_{v\,max}$$

C_v est une capacité, considéré, dans ce cas, fixe.

La fonction de transfert continu de ce circuit correspond à un système du premier ordre décrit par la relation suivante :

$$H(p) = \frac{\dfrac{R_2}{R_1 + R_v}}{1 + R_2 C_v p}, \tag{4.1}$$

où, le gain du processus est donné par :

$$G_v = \frac{R_2}{R_1 + R_v}, \tag{4.2}$$

et la constante du temps par :

$$\tau_v = R_2 C_v \tag{4.3}$$

La discrétisation de la fonction du transfert (bloqueur d'ordre zéro) donnée par l'équation (4.1) conduit à :

$$H(z^{-1}) = \frac{b_1 z^{-1}}{1 + a_1 z^{-1}} \tag{4.4}$$

Du coté « hardware », un calculateur est utilisé pour le sauvegarde en temps réel d'un fichier de mesures d'identification. Ce calculateur est connecté au procédé à travers une carte d'interfaçage de type PC-30. C'est une carte de conversion analogique-numérique / numérique-analogique, bipolaire (-10V, 10V) travaillant avec une résolution de 12 bits pour les systèmes IBM-PC et compatibles. Les programmes sont écrit en Turbo Pascal en utilisant un environnement temps réel.

4.2.1.2 Phase expérimentale

Lors de l'enregistrement du fichier de mesures d'identification, on a considéré que le gain G_v varie entre deux limites G_{vmin} et G_{vmax} (R_v varie brusquement de R_{vmax} à R_{vmin}). Cela revient à considérer deux zones de fonctionnement différentes.

Pour obtenir une bonne identification, le choix du signal d'entrée est d'une grande importance. Il est recommandé de choisir une séquence telle que toutes les fréquences et les amplitudes peuvent être excitées dans les deux zones de fonctionnement considérées. En supposant que notre processus est linéaire par partie, une séquence binaire pseudo-aléatoire est suffisamment riche pour assurer une identification acceptable.

Les figures (4.2.a) et (4.2.b) montrent respectivement les évolutions du signal d'excitation $u(k)$ et du signal de sortie $y(k)$ du processus réel.

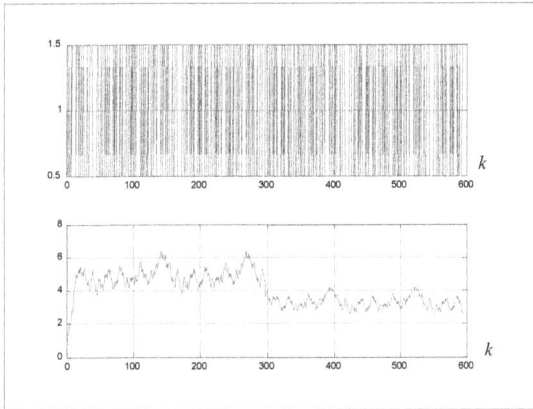

Figure 4.2. a- Evolutions du signal d'excitation -b- Evolution de la sortie réelle correspondante.

4.2.1.3 Approche classique de modélisation

Dans le cas de la modélisation classique, on a considéré le processus linéaire par parties. Par recours au test du Rapport des Déterminants Instrumentaux pour l'estimation structurelle, et à la méthode des moindres carrés récursifs pour l'identification paramétrique, la fonction de transfert $H(z^{-1})$ du modèle global "M", élaboré par exploitation du fichier de mesures d'identification relevé expérimentalement sur le processus réel, est la suivante :

$$H(z^{-1}) = \frac{0.38759z^{-1}}{1 - 0.90863z^{-1}} \qquad (4.5)$$

4.2.1.4 L'approche multimodèle

Pour mettre en œuvre l'approche de détermination systématique d'une base de modèles, on a exploité le même fichier de mesures d'identification relevé expérimentalement sur le processus réel du premier ordre. En effet, ces ensembles de mesures expérimentales sont présentés à l'entrée d'une carte unidimensionnelle de Kohonen possédant deux neurones d'entrée et deux neurones de sortie. La figure (4.3) montre deux ensembles de mesures correspondants aux deux classes obtenues à la fin d'apprentissage du réseau.

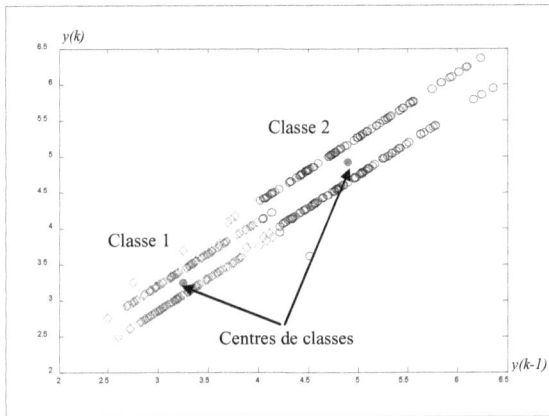

Figure 4.3. Deux ensembles de mesures relatives aux différents modèles de la base.

A partir des données relatives à chaque classe c ($c=1$ et 2), on a déterminé les ordres ainsi que les paramètres de différents fonctions de transfert ($H_1(z^{-1})$ et $H_2(z^{-1})$) relatives à la base recherchée. La figure (4.4) donne les évolutions des Rapports de Déterminants Instrumentaux $RDI_c(m)$ ($c=1$ ou 2). Il est clair, d'après cette dernière figure, que l'ordre de deux modèles est égal à 1.

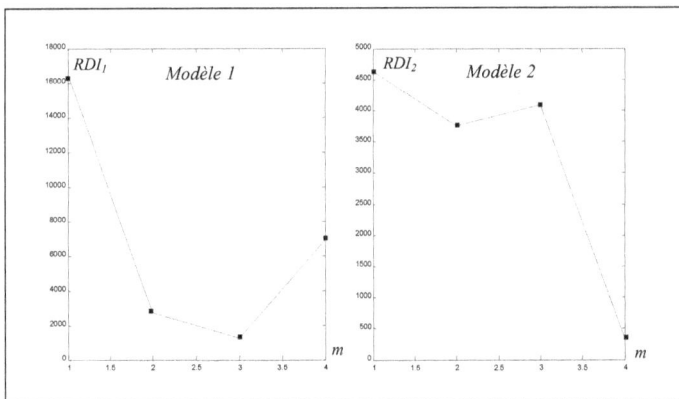

Figure 4.4. Evolutions des rapports des déterminants instrumentaux des deux classes obtenues.

Les fonctions de transfert $H_1(z^{-1})$ et $H_2(z^{-1})$ peuvent, finalement, s'écrire comme suit :

$$H_1(z^{-1}) = \frac{0.52041z^{-1}}{1 - 0.89362z^{-1}} \;\; ; \qquad\qquad (4.6)$$

$$H_2(z^{-1}) = \frac{0.35435z^{-1}}{1 - 0.89369z^{-1}} \; ; \qquad\qquad (4.7)$$

On note que les fonctions de transfert théoriques, $H_{1th}(z^{-1})$ et $H_{2th}(z^{-1})$, décrivant chaque zones de fonctionnement sont données par :

$$H_{1th}(z^{-1}) = \frac{0.4758z^{-1}}{1 - 0.9048z^{-1}} \qquad\qquad (4.8)$$

$$H_{2th}(z^{-1}) = \frac{0.3172z^{-1}}{1 - 0.9048z^{-1}} \qquad\qquad (4.9)$$

La comparaison entre les fonctions de transfert $H_1(z^{-1})$ et $H_{1th}(z^{-1})$ puis entre $H_2(z^{-1})$ et $H_{2th}(z^{-1})$ montre que la méthode de détermination systématique d'une base de modèle proposée est capable de retrouver les modèles décrivant les différents zones de fonctionnement du processus réel avec précision acceptable, sans aucune connaissance a priori sur le processus.

4.2.1.5 Validation et interprétation des résultats

La phase de validation nécessite d'appliquer une autre séquence $u(k)$ à l'entrée du processus considéré. La séquence d'entrée retenue est décrite par la relation suivante :

$$u(k) = 1 + e^{(-0.02k)} \, sin(k/15) \qquad\qquad (4.10)$$

L'application de l'approche multimodèle nécessite le calcul des validités $v_c(k)$ des modèles de la base. La méthode considérée, dans ce cas, est celle de résidus. Le calcul est effectué par recours à la relation suivante :

$$v_c(k) = \frac{1 - \dfrac{r_c(k)}{\sum\limits_{l=1}^{2} r_l(k)}}{1} \quad c \in [1,2] \tag{4.11}$$

$$\text{où } r_c(k) = |y(k) - y_c(k)|$$

La sortie du multimodèle est obtenue, finalement, par simple fusion de deux sorties, $y_1(k)$ et $y_2(k)$, des modèles de la base, pondérées par leurs validités respectives.

La figure (4.5) présente les évolutions des sorties du système réel et du modèle global y_{MG}. Elle montre une erreur relativement importante entre les deux sorties. Sur la figure (4.6), on a représenté les évolutions de la sortie réelle et celle du multimodèle y_{MM}. Cette dernière figure montre que les deux sorties coïncident. Cela confirme que l'approche multimodèle offre une précision très satisfaisante par rapport au cas où la modélisation classique, basée sur un seul modèle, est utilisée. En effet, l'erreur relative entre la sortie réelle et celle du modèle global d'une part puis celle du multimodèle confirme cette dernière conclusion (figure 4.7). La figure 4.6 montre aussi, les évolutions des deux validités relatives aux modèles de la base élaborée. Cette dernière figure donne une information sur la complémentarité des deux modèles obtenus dans les deux régions de fonctionnement considérées du processus réel du premier ordre.

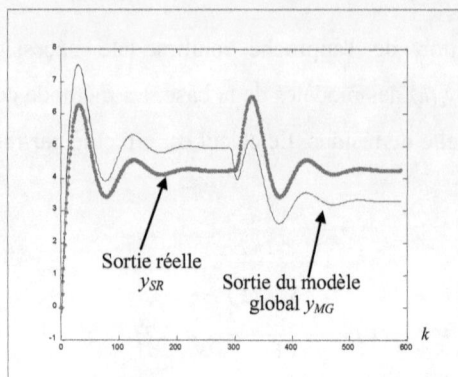

Figure 4.5. Validation expérimentale du modèle global (approche classique)

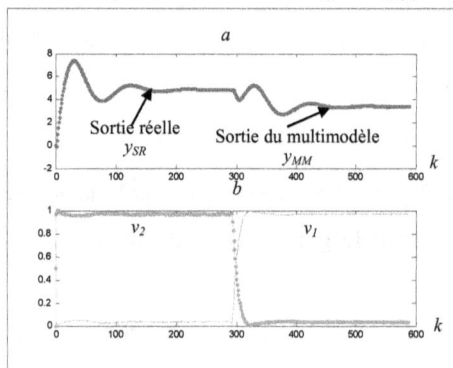

Figure 4.6. a- Validation expérimentale du multimodèle -b- Evolutions des différentes validités des modèles de la base élaborée.

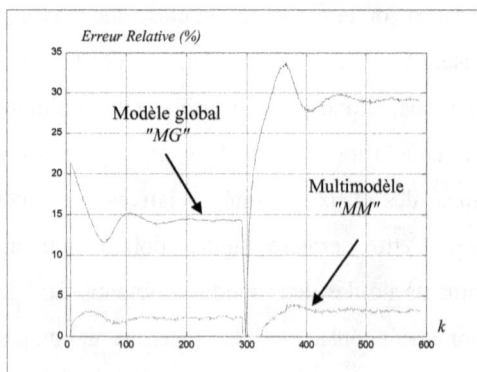

Figure 4.7. Evolutions des erreurs relatives.

4.2.2 Processus réel 2 : Réacteur d'estérification d'huiles d'olives

Pour mettre, encore une fois, en évidence, l'apport en précision de la stratégie de modélisation proposée, on l'a appliqué au cas d'un réacteur d'estérification d'huiles d'olives. Dans ce réacteur, il se produit une réaction chimique d'estérification d'huiles d'olives végétales par un alcool. Le produit obtenu est un ester utilisé principalement dans la fabrication des produits cosmétiques [Msa01].

La réaction se formule s'écrit comme suit :

$$\text{Acide + Alcool} \rightleftharpoons \text{Ester + Eau}$$

L'ester obtenu est un produit à haute valeur ajoutée. Il est utilisé surtout dans la fabrication des produits cosmétiques.

Un schéma simplifié du dispositif expérimental est donné sur la figure (4.8). Le dispositif est construit autour d'un réacteur en acier inox 316, présentant un fond bombé et une forme cylindrique. Il est très résistant à la corrosion et est équipé d'une vanne de fond pour vider son contenu. Sur le couvercle du réacteur existe cinq orifices utilisés respectivement pour loger l'axe de l'agitateur, pour introduire les réactifs, pour loger le capteur de température du milieu réactionnel T_r, pour insérer le condenseur et pour loger le capteur de pression Pr. Une double enveloppe permet le passage d'un fluide caloporteur. Un condenseur permet de condenser la vapeur qui se dégage au cours de la réaction.

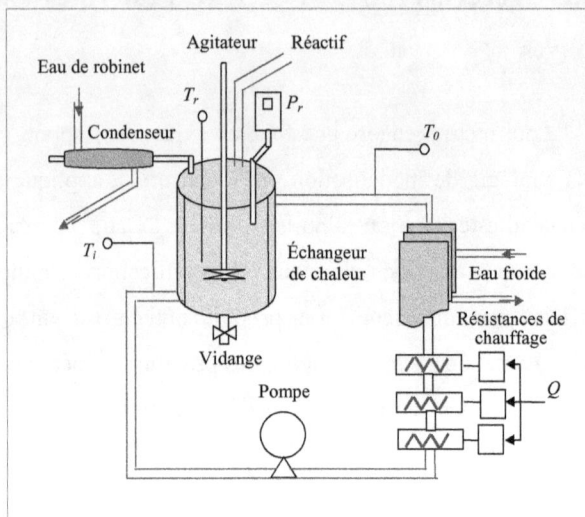

Figure 4.8. Schéma synoptique du réacteur d'estérification.

T_i et T_0 sont respectivement les températures à l'entrée et à la sortie de la double enveloppe, Q est la puissance de chauffage.

La caractéristique statique du réacteur montre qu'il est non linéaire et que la modélisation classique reposant sur un seul modèle ne peut conduire à des résultats satisfaisants.

4.2.2.1 L'approche classique de modélisation

Dans ce cas, le procédé est considéré comme linéaire autour d'un point de fonctionnement. La non linéarité est interprétée, donc, dans ces conditions, comme étant une perturbation paramétrique. Par recours au test du Rapport des Déterminants Instrumentaux pour l'estimation structurelle, et à la méthode des moindres carrés récursifs pour l'identification paramétrique, la fonction de transfert $H(z^{-1})$ du modèle global "MG", élaboré par exploitation d'un fichier de mesures d'identification relevé expérimentalement sur le réacteur, est la suivante :

$$M \rightarrow H(z^{-1}) = \frac{0.0013152z^{-1} + 0.00075177z^{-2} - 0.00075177z^{-3}}{1 - 1.3918z^{-1} + 0.24915z^{-2} + 0.14894z^{-3}} \qquad (4.12)$$

4.2.2.2 L'approche multimodèle

Par exploitation du même fichier de mesures expérimentales d'identification, l'approche proposée pour la détermination de la base de modèles a été mise en œuvre. En effet, les données expérimentales sont présentées à un réseau de Kohonen possédant deux cellules d'entrées et une carte unidimensionnelle à 3 neurones dans la couche de sortie.

La figure (4.9) montre que trois ensembles de données relatifs aux différentes classes sont obtenus à la fin de l'apprentissage du réseau neuronal.

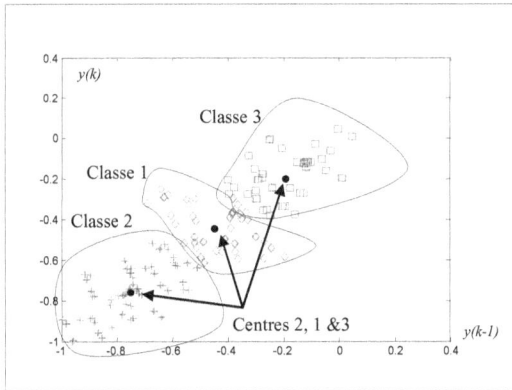

Figure 4.9. Les trois ensembles des données expérimentales relatifs aux différents modèles de la base.

117

A partir d'un ensemble des données relatifs à une classe c ($c=1,..., 3$), la méthode du test des Rapports de Déterminants Instrumentaux a conduit à la structure suivante : $n_A=2$, $n_B=1$ et $d=1$. Par exploitation de la méthode des moindres carrés récursifs, on a pu estimer les paramètres des modèles de la base.

Finalement, les fonctions de transfert ($H_1(z^{-1})$, $H_2(z^{-1})$ et $H_3(z^{-1})$) des modèles de la base sont les suivantes :

$$H_1(z^{-1}) = \frac{0.0018452z^{-2}}{1 - 1.1597z^{-1} + 0.19151z^{-2}} \; ; \tag{4.13}$$

$$H_2(z^{-1}) = \frac{0.0017078z^{-2}}{1 - 1.2244z^{-1} + 0.24911z^{-2}} \; ; \tag{4.14}$$

$$H_3(z^{-1}) = \frac{0.0011438z^{-2}}{1 - 0.79453z^{-1} - 0.19127z^{-2}} \tag{4.15}$$

4.2.2.3 Évaluation des résultats de modélisation

La figure (4.10) représente les évolutions des sorties du système réel y_{SR}, du modèle global y_{MG} et du multimodèle y_{MM}. Cette figure montre que l'approche multimodèle, exploitant la base élaborée par la méthode proposée, offre une précision très satisfaisante relativement au cas où la modélisation classique reposant sur un seul modèle global "M" est considérée. En effet, l'erreur relative entre y_{SR}, y_{MG} et y_{MM} confirme la dite conclusion (figure 4.11). Les évolutions des différentes validités relatives aux différents modèles de la base sont données sur la figure (4.12). Cette dernière renseigne sur la complémentarité des différents modèles dans le domaine de fonctionnement du réacteur qui peut être reparti en trois zones ; à savoir, de chauffage, de réaction et de refroidissement.

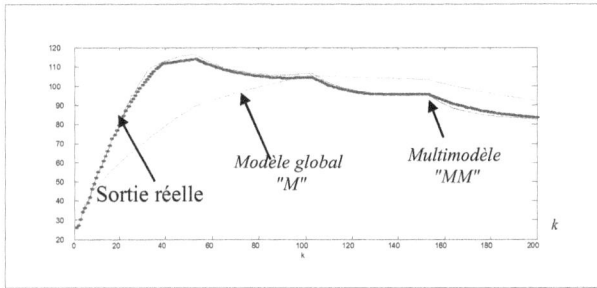

Figure 4.10. Validation expérimentale des modèles (approche classique et multimodèle).

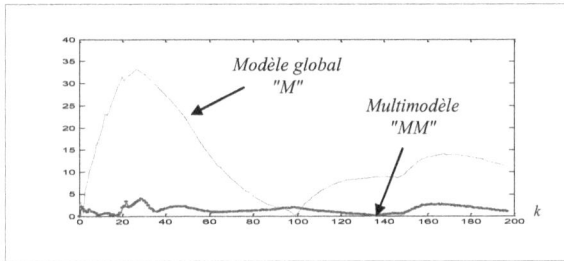

Figure 4.11. Evolutions des erreurs relatives.

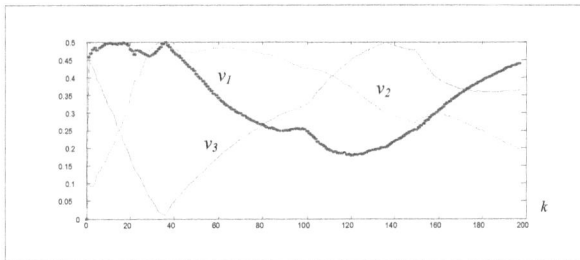

Figure 4.12. Evolutions des différentes validités de modèles de la base élaborée.

4.2.3 Processus réel 3 : Base à différentes structures

Dans ce cas, notre objectif est de démontrer qu'il est possible d'obtenir une base contenant des modèles de structures différentes. C'est pourquoi, on a considéré deux processus électriques ; à savoir, un processus du premier ordre et un deuxième du second ordre. L'idée consiste à exciter le premier par un signal Binaire Pseudo-Aléatoire pendant 500 itérations, puis de commuter vers le deuxième pendant la même durée du temps (voir figure 4.13).

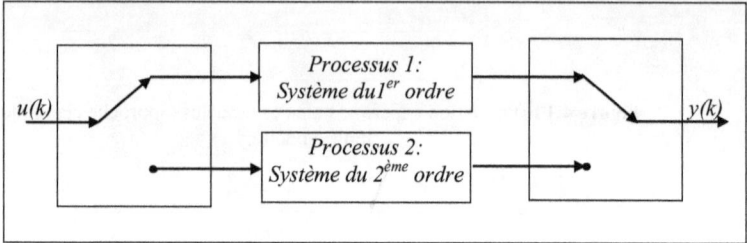

Figure 4.13. Commutation entre les deux processus réels

Comme déjà signalé, Le système considéré est formé par deux sous-processus. En effet, le schéma électrique du premier processus est donné sur la figure (4.1), mais dans ce cas ses paramètres sont considérés constants. Cependant, le schéma électrique du deuxième processus est donné sur la figure (4.14).

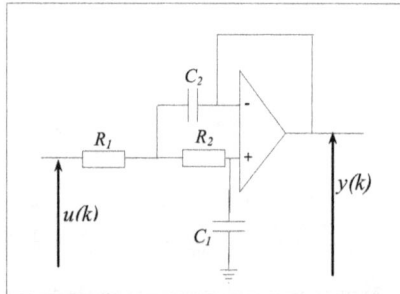

Figure 4.14. Schéma électrique du système du second ordre.

La fonction de transfert résultante est donnée par la relation:

$$H(p) = \frac{1}{1 + (R_2 + R_1)C_2 p + C_1 C_2 R_1 R_2 p^2} \qquad (4.16)$$

Les caractéristiques physiques du processus considéré sont :

$$k = 1; \; \xi = 0.128 \quad et \quad \omega_0 = 8.28 rd / s$$

où ξ, k et ω_0 représentent respectivement le coefficient d'amortissement, le gain et la pulsation propre du processus.

4.2.3.1 L'approche classique de modélisation

Dans le cas de l'approche classique de modélisation, le processus est considéré comme linéaire par partie. Les évolutions des rapports de Déterminants instrumentaux $RDI(m)$ appliqué sur les données du fichier de mesures d'entrées-sorties déjà enregistré, sont représentés sur la figure (4.15). Cette figure montre que l'ordre convenable du modèle global est égal à 3. L'identification paramétrique, de la fonction de transfert du modèle global MG conduit à :

$$"M" \rightarrow H(z^{-1}) = \frac{0.24501z^{-1} - 0.047747z^{-2} - 0.012221z^{-3}}{1 - 1.3548z^{-1} + 0.4279z^{-2} - 0.0026839z^{-3}} \qquad (4.17)$$

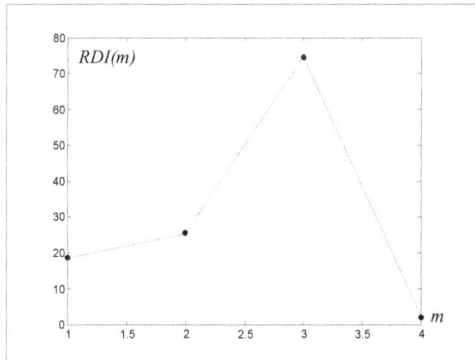

Figure 4.15. Evolutions des rapports de Déterminants Instrumentaux du modèle global.

4.2.3.2 L'approche multimodèle

Pour la mise en œuvre de la méthode proposée, on a exploité le même fichier de mesures d'identification relevé expérimentalement sur les deux sous processus considérés. En effet, ces données expérimentales sont présentées à un réseau de Kohonen possédant deux cellules d'entrée et une carte unidimensionnelle à deux neurones. Deux ensembles de mesures relatives aux classes sont obtenus à la fin d'apprentissage du réseau (voir figure 4.16).

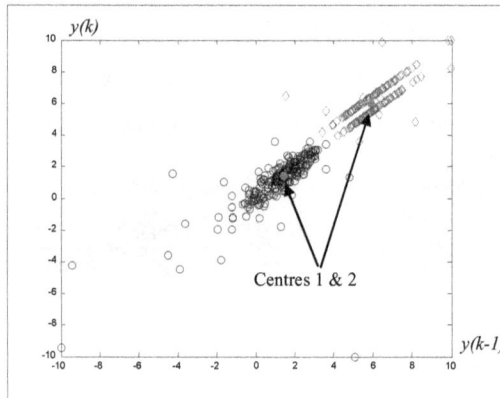

Figure 4.16. Deux ensembles de mesures relatives aux différents modèles de la base.

Pour chaque classe c ($c=1$ et 2), on a appliqué le test des Rapports de Déterminants Instrumentaux pour l'estimation structurelle et la méthode des moindres carrés récursifs pour l'estimation paramétriques. La figure (4.17) donne les évolutions des Rapports de déterminants instrumentaux relatives pour chaque classe c. Cette figure montre que les ordres de modèles de la base sont 1 et 2.

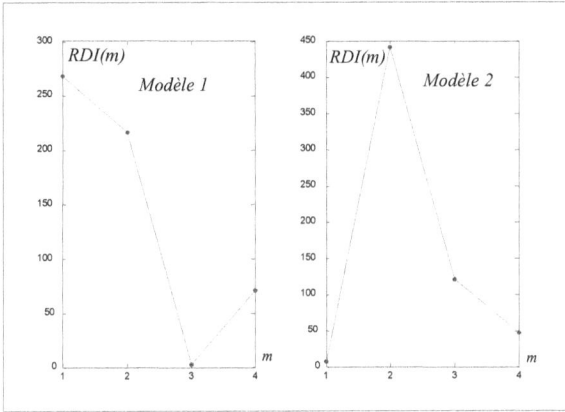

Figure 4.17. Évolutions des rapports des déterminants instrumentaux pour les deux classes obtenues.

Les fonctions de transfert $H_1(z^{-1})$, et $H_2(z^{-1})$ relatives aux modèles de la base sont, alors, données par :

$$H_1(z^{-1}) = \frac{0.46317z^{-1}}{1 - 0.88346z^{-1}} \tag{4.18}$$

$$H_2(z^{-1}) = \frac{0.099527z^{-1} + 0.097189z^{-2}}{1 - 1.6883z^{-1} + 0.89397z^{-2}} \tag{4.19}$$

4.2.3.3 Phase de validation

Cette phase nécessite d'exciter le processus considéré par une autre séquence de l'entrée $u(k)$. Soit, comme exemple, le signal décrit par la relation suivante:

$$u(k) = 1 + e^{(-0.02k)} \sin(k/15) \tag{4.20}$$

La sortie multimodèle est obtenue par simple fusion des sorties des modèles de la base pondérées par leurs validités respectives.

La figure (4.18) représente les évolutions de la sortie réelle y_{SR} et celle du modèle global. Elle montre une erreur relativement important entre les deux sorties. Il apparaît sur la figure (4.19.a) qui représente les évolutions de y_{SR} et celle du multimodèle y_{MM}, que ces deux sorties sont presque confondues. Ce qui confirme l'intérêt de l'approche multimodèle proposée. Les évolutions des validités des modèles sont données sur la figure (4.19.b), elles montrent les deux zones de fonctionnement du processus considéré.

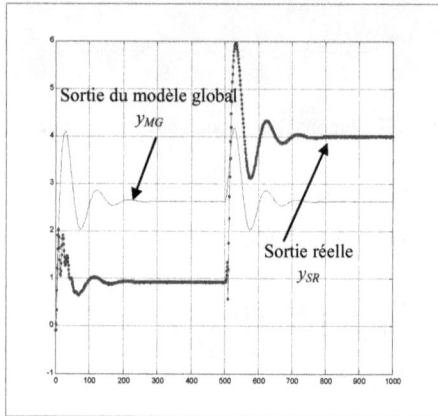

Figure 4.18. Validation expérimentale du modèle global (approche classique)

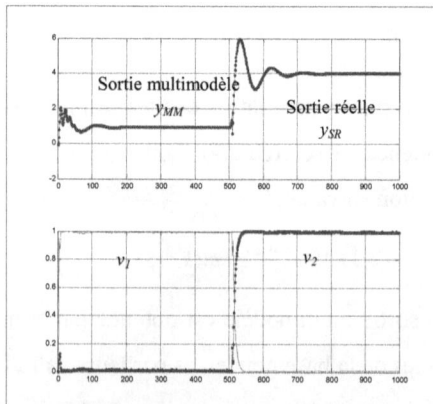

Figure 4.19. a- Validation expérimentale du multimodèle -b- Evolutions des validités des modèles de la base élaborée.

124

4.3 Validation expérimentale de la nouvelle technique de calcul de validités

4.3.1 Processus réel 1 : système du premier ordre à gain variable

On propose le même circuit électrique que précédemment (la figure 4.1). Pour pouvoir couvrir le maximum de l'espace de fonctionnement, trois positions de la résistance variable sont considérées ; à savoir, une position maximale, moyenne et minimale. Il s'agit, donc, de considérer trois zones de fonctionnement caractérisées par des gains différents ; à savoir G_{vmin}, G_{vmoy} et G_{vmax}. La constante du temps τ_v est constante. La phase expérimentale consiste, donc, à appliquer, en temps réel, dans chaque zone de fonctionnement, une séquence Binaire Pseudo-Aléatoire, à l'entrée du procédé et de relever la sortie correspondante.

Les données d'identification obtenues sont représentées sur la figure (4.20) qui montre les évolutions, respectivement, du signal d'entrée retenu $u(k)$ et du signal de sortie $y(k)$ du processus considéré.

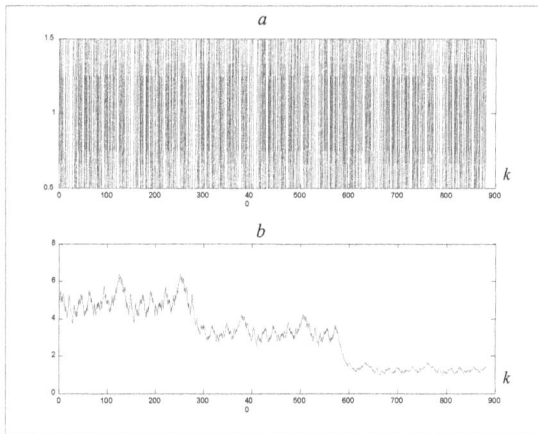

Figure 4.20. Evolutions des signaux d'entrée et de sortie du processus réel.

4.3.1.1 Détermination de la base de modèles

la méthode de détermination systématique d'une base de modèles a été mise en œuvre en exploitant le fichier d'identification obtenu, et en supposant qu'on ne dispose d'aucune connaissance a priori sur le processus. Les données expérimentales sont présentées à l'entrée d'un réseau de Kohonen possédant deux neurones d'entrée et trois neurones dans la couche de sortie.

La figure (4.21) montre les trois ensembles de données relatives aux trois classes obtenues à la fin d'apprentissage du réseau de Kohonen.

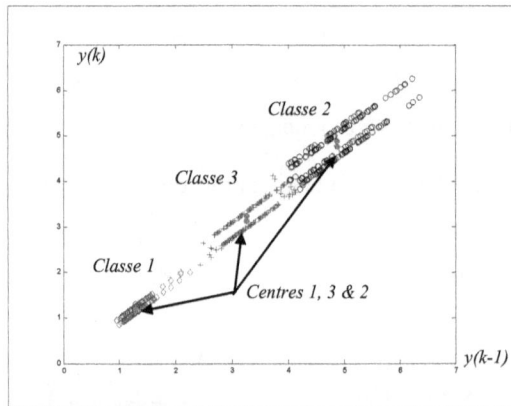

Figure 4.21. Les trois ensembles de mesures relatifs aux différents modèles de la base.

Pour chaque ensemble de données obtenu, le Test des Rapports de Déterminants Instrumentaux et la méthode des moindres carrés récursifs sont exploités pour l'estimation structurelle et paramétrique des modèles de la base. Les fonctions de transfert relatives à la base de modèles sont, donc, données par les relations suivantes :

126

$$H_1(z^{-1}) = \frac{0.13404z^{-1}}{1 - 0.8938z^{-1}} \qquad (4.21)$$

$$H_2(z^{-1}) = \frac{0.50433z^{-1}}{1 - 0.8961z^{-1}} \qquad (4.22)$$

$$H_3(z^{-1}) = \frac{0.34525z^{-1}}{1 - 0.894962z^{-1}} \qquad (4.23)$$

Les trois fonctions de transfert obtenues correspondent aux modèles minimal (G_{min}, τ_v), maximal (G_{max}, τ_v) et moyen (G_{moy}, τ_v).

4.3.1.2 Fusion et Validation

La sortie effective du multimodèle est obtenue par fusion des trois sorties des modèles de la base comme suit :

$$y_f(k) = v_1(k)y_1(k) + v_2(k)y_2(k) + v_3(k)y_3(k) \qquad (4.24)$$

avec $v_1(k)$, $v_2(k)$ et $v_3(k)$ sont les validités des modèles de la base obtenues par les deux méthodes déjà décrites ; à savoir la méthode de résidus et la nouvelle technique proposée dans le troisième chapitre.

On notera par la suite :

➢ er_c : l'erreur relative entre la sortie du système réel et la sortie multimodèle utilisant la méthode de résidus pour le calcul des validités.

➢ er_n : l'erreur relative entre la sortie du système réel et la sortie multimodèle utilisant la nouvelle méthode proposée pour le calcul des validités.

> y_{MMc} : la sortie multimodèle utilisant la méthode de résidus pour le calcul des validités.

> y_{MMn} : la sortie multimodèle utilisant la nouvelle méthode proposée pour le calcul des validités.

> y_{SR} : la sortie du système réel.

4.3.1.2.1 Approche classique du calcul de validités

Pour valider la base de modèles obtenue, on a appliqué un échelon unitaire à l'entrée du processus réel 1. Les résultats de validation sont donnés sur la figure (4.22). Cette figure montre les évolutions de deux sorties ; à savoir la sortie réelle y_{SR} et la sortie du multimodèle y_{MMc} basée sur l'approche de résidus. On remarque que y_{MMc} suit y_{SR} mais avec une erreur relativement importante.

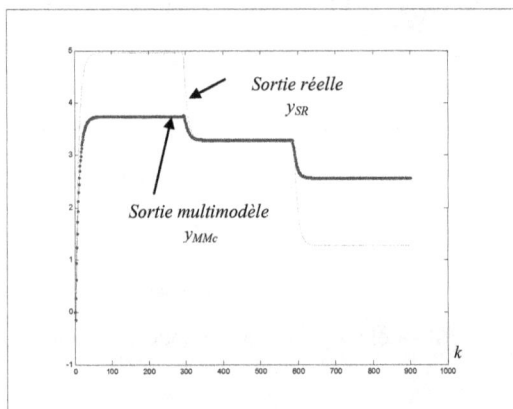

Figure 4.22. Evolutions des sorties réelle et multimodèle (approche de résidus)

Sur la figure (4.23), on a représenté les évolutions de trois validités basées sur l'approche de résidus. Cette figure montre qu'une validité ne peut jamais être égale à 1, même si un modèle est totalement valable dans une zone de fonctionnement donnée.

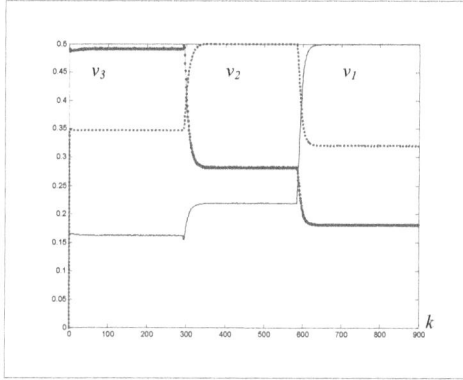

Figure 4.23. Evolutions de trois validités de modèles de la base (approche de résidus).

4.3.1.2.2 Nouvelle technique de calcul de validités

La technique de calcul de validités proposée exploite les centres de classes obtenus dans la phase de détermination de la base de modèles. Les coordonnées de trois centres obtenus c_1, c_2 et c_3 sont :

$$c_1(3.2529,3.2521) \; ; \; c_2(4.8497,4.8503) \; ; \; c_3(1.2926, 1.2953)$$

Les évolutions de différentes validités sont présentées sur la figure (4.24). Cette figure montre qu'un modèle peut être totalement valide. Par exemple, sur l'intervalle [0, 300] le modèle maximal (G_{max}, τ) est totalement valide, les validités des autres modèles sont nulles.

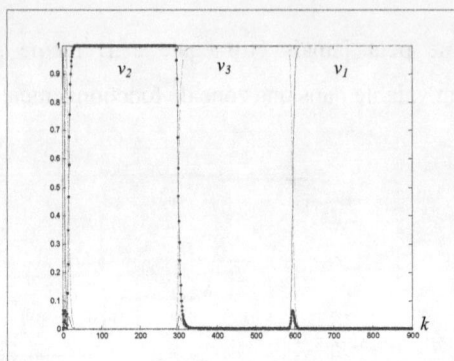

Figure 4.24. Evolutions de trois validités de modèles de la base (nouvelle technique proposée).

Dans le cas des validités obtenues par notre approche, la sortie réelle avec une erreur relativement faible par rapport à celle calculée par l'approche de résidus. En effet, les erreurs relatives de prédiction er_1 et er_2, représentées sur la figure (4.25), de deux sorties par rapport à la sortie réelle, montrent la précision apportée par la nouvelle technique de calcul de validités proposée.

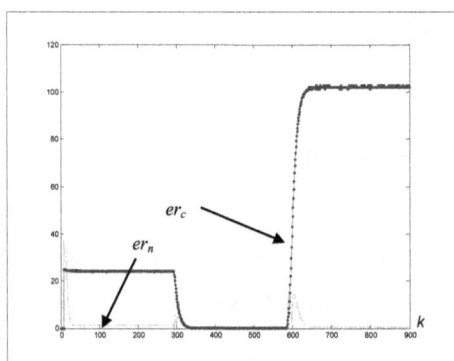

Figure 4.25. Evolutions des erreurs relatives de prédiction (méthode de résidus & méthode proposée).

4.3.2 Processus réel 2 : Système du premier ordre à gain et à constante du temps variables

Pour montrer, encore plus, l'apport en performance de la technique de calcul de validité, on a considéré le même circuit électrique donné sur la figure (4.1). Mais dans ce cas, le processus est à gain et à constante du temps variables. Pour assurer la variation du gain et de la constante du temps, on fait varier le potentiomètre R_v de R_{vmin} à R_{vmax} en passant par R_{vmoy}. Simultanément, on fait varier à l'aide d'une boite à capacités C_v de C_{vmin} à C_{vmax} en passant par C_{vmoy}. Ceci revient à commuter entre les modèles (G_{max}, τ_{min}), (G_{moy} ,τ_{moy}) et *(G_{min} ,τ_{max})*. Le but de cette commutation est de couvrir le maximum du domaine de fonctionnement du processus global.

4.3.2.1 Détermination de la base de modèles

Comme précédemment, un fichier des mesures d'entrée/sorties a été enregistré, puis, en présentant ces données à l'entrée d'un réseau de Kohonen, trois ensembles de mesures ainsi que trois centres relatifs aux classes sont obtenus à la fin de l'apprentissage.

Ces ensembles de mesures sont exploités par un algorithme d'estimation structurelle puis un algorithme d'identification paramétrique, afin de déterminer la base de modèles. Les fonctions de transfert de la base de modèles obtenues sont les suivantes :

$$H_1(z^{-1}) = \frac{0.13281z^{-1}}{1 - 0.89955z^{-1}} \qquad (4.25)$$

$$H_2(z^{-1}) = \frac{0.89634z^{-1}}{1 - 0.7993z^{-1}} \qquad (4.26)$$

$$H_3(z^{-1}) = \frac{0.48363z^{-1}}{1 - 0.85173z^{-1}} \qquad (4.27)$$

La sortie effective du multimodèle est obtenue par fusion de trois sorties de modèles de la base en utilisant l'équation (4.24).

4.3.2.2 Validation

4.3.2.2.1 Approche classique de calcul de validités

Pour valider le modèle global obtenu, on a appliqué la séquence d'entrée $u(k)$ suivante :

$$u(k) = 1 + e^{(-0.02k)} \sin(k/15) \qquad (4.28)$$

Sur la figure (4.26), on a représenté les évolutions de trois validités basées sur l'approche de résidus. On remarque qu'aucun modèle n'est totalement valide. En effet, la validité maximale atteinte par un modèle donné à un instant k est égale à 0.5.

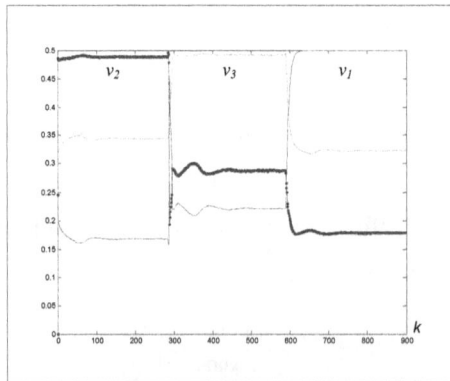

Figure 4.26. Evolutions de trois validités de modèles de la base (méthode de résidus).

4.3.2.2.2 Nouvelle technique de calcul de validités

La technique proposée de calcul des validités exploite les centres des classes obtenus dans la phase de la détermination de la base de modèles.

Le résultat de validation obtenu suite à l'application de la séquence d'entrée donnée par l'équation (4.28) à l'entrée du multimodèle, basée sur la technique de calcul de validité proposée, montre que la sortie obtenue suit la sortie réelle avec une erreur de prédiction er_n relativement faible par rapport à celle obtenu par l'approche de résidus er_c (voir figure 4.28). Les pics apparaissant sur cette figure aux instants 300 et 600 sont dus aux variations manuelles de la résistance R_v et de la capacité C_v.

Les évolutions des différentes validités sont données sur la figure (4.27). Cette figure montre qu'un modèle peut être totalement valide et les validités peuvent prendre la valeur 1.

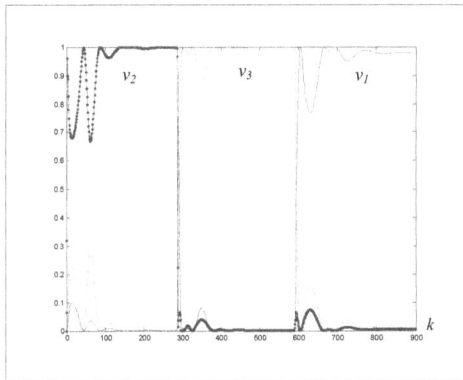

Figure 4.27. Evolutions de trois validités de modèles de la base (nouvelle technique proposée).

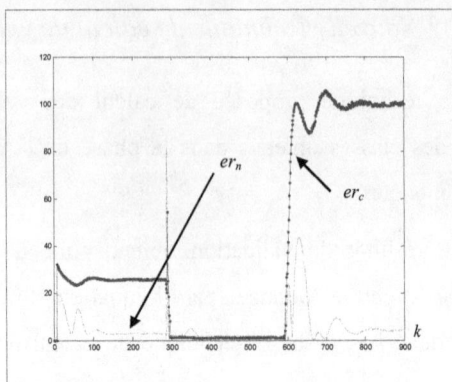

Figure 4.28. Evolutions des erreurs relatives de prédiction (méthode de résidus & la technique proposée).

4.4 Conclusion

Dans ce chapitre, on s'est intéressé, dans une première étape, à la validation sur des exemples réels de l'approche de détermination systématique d'une base de modèles proposée dans le deuxième chapitre. Deux techniques de modélisation ont été mises en œuvre pratiquement sur trois processus réels ; à savoir un système du premier ordre à gain variable, un réacteur d'estérification d'huile d'olives et deux sous-processus du premier et du second ordre. La première technique repose sur l'utilisation d'un modèle unique et ignore les différentes zones de fonctionnement du procédé réel non-linéaire. La seconde exploite l'approche multimodèle qui considère un modèle pour chaque zone de fonctionnement. Dans ce dernier cas, les différents modèles de la base sont obtenus en exploitant l'approche de génération systématique de la base que nous avons proposée. Les résultats de la validation expérimentale ont mis en défaut la technique de modélisation reposant sur un seul modèle global et ont mis en évidence l'efficacité et l'intérêt de l'approche multimodèle grâce à une représentation relativement précise des différents processus considérés. En effet, une étude expérimentale comparative entre les deux techniques a montré que l'erreur de prédiction enregistrée en temps réel par application de notre approche est très faible relativement au cas où l'approche classique.

La nouvelle méthode de calcul des validités que nous avons proposée a été utilisée dans la deuxième partie du présent chapitre pour une mise en œuvre pratique sur deux procédés réels ; à savoir un processus du premier ordre à gain variable et un processus du premier ordre à gain et à constante du temps variables. Une étude comparative avec l'approche de résidus montre que cette dernière est parfois incapable d'estimer, correctement, le degré d'implication d'un modèle donné de la base de modèles. Nous avons mesuré l'erreur de modélisation et avons montrée que cette dernière reste assez importante dans le cas de la méthode des résidus et prend des valeurs très faibles dans le cas de la méthode que nous avons proposée.

Conclusion Générale

Conclusion Générale

Pour simuler, commander et/ou faire le diagnostic de fonctionnement d'un système, la modélisation est une étape nécessaire. Dans ce mémoire, notre intérêt s'est porté sur l'identification des systèmes complexes, en exploitant l'approche multimodèle. Cette approche consiste à représenter le processus par un ensemble de modèles simples valables dans certaines zones de fonctionnement. Le modèle global est obtenu par combinaison de ces modèles simples.

Malgré ses avantages, on ne peut pas ignorer que des problèmes sont apparus lors de la mise en œuvre de l'approche multimodèle; à savoir, la détermination d'une base adéquate de modèles, l'estimation "correcte" des validités de modèles de la base, la fusion des modèles, la mise en œuvre pratique de cette approche, etc. Une synthèse générale de ces problèmes a été effectuée dans le premier chapitre de ce mémoire.

Nous avons proposé une nouvelle approche de génération systématique de la base de modèles. Cette approche consiste, dans une première étape, à déterminer le nombre convenable de modèles de la base puis à classifier les données numériques d'identification par exploitation des Réseaux de Neurones de Kohonen. Dans la seconde étape, une méthode d'estimation structurelle ainsi qu'une méthode d'identification paramétrique sont appliquées aux données relatives à chacune de classes obtenues. Cette étape offre l'avantage de trouver une base contenant des modèles de différents ordres et de différentes structures. La sortie globale est obtenue par fusion des sorties de modèles de la base obtenue. Les résultats de simulation obtenus sont satisfaisants en terme de précision. Une étude comparative avec l'approche classique de modélisation, reposant sur un seul modèle, a montré l'apport en performance de l'approche de modélisation proposée.

Nous proposons aussi une nouvelle méthode pour estimer en ligne les validités des modèles. Cette méthode nécessite uniquement, la connaissance, a priori, des centres de classes et de la sortie du processus. En effet, on calcule, à chaque instant, la distance euclidienne entre la sortie du processus et les centres de différentes classes puis on estime les validités des modèles de la base. Des exemples de simulations ont été, par la suite, présentés. Ces exemples ont montré l'apport en performance de la nouvelle technique de calcul de validités par comparaison avec l'approche de résidus. En effet, on a montré que l'approche de résidus est incapable de donner une estimation correcte des validités des modèles. Par contre, la technique proposée a amélioré d'une manière considérable la précision.

La précision apportée, en simulation, par la nouvelle approche de génération systématique d'une base de modèles et par la nouvelle technique de calcul de validités, nous a incité à les mettre en œuvre pratiquement sur des procédés réels. En effet, un système du premier ordre, un autre du deuxième ordre ainsi qu'un réacteur d'estérification d'huiles d'olives ont été considérés. Les résultats pratiques obtenus ont confirmé ceux obtenus en simulation, et ont encore montré l'originalité de notre contribution.

Perspectives

Quelques prolongements peuvent être suggérés au travail présenté dans ce mémoire :

➤ Les modèles locaux utilisés, au cours de ce travail, sont de type ARX, une extension aux modèles ARMAX est envisageable. Dans ce cas, l'estimation de paramètres locaux peut être réalisée par la méthode des moindres carrés généralisés.

➤ L'exploitation des contributions présentées dans ce mémoire pour la mise en œuvre pratique d'une commande à des systèmes complexes.

➤ Ce mémoire a considéré l'identification de systèmes Monovariables SISO (Single Input Single Output). Une extension aux systèmes Multivariables MIMO peut être envisagée.

➤ L'exploitation, encore plus, des capacités des réseaux de neurones artificiels pour résoudre d'autres problèmes rencontrés par l'approche multimodèle (par exemples, la technique de fusion adoptée, la commande).

Références Bibliographiques

Bibliographie

[Bab97] Babuska R. & Verbruggen H. B., "Fuzzy set methods for local modelling and identification", In Marry-Smith R. & Johansen T. A. (Eds), "Multiple model approaches to modelling and control", (London: Taylor and Francis), 1997.

[Ban97] Banerjee A., Arkun Y. ,Pearson R. & Ogunnaike B. , "H∞ control of nonlinear processes using multiple liear models", Multiple model approches to modelling and control, Taylor & Francis Publishers, USA, UK, 1997.

[Bor97] Borne P., "Complex industrial systems", IFAC, IFIP-IMACS Conference, Control of Industrial Systems, Vol 1, Belfort, France, May 1997.

[Ben01] Ben Abdennour R., Borne P., Ksouri M. & M'sahli F., "Identification et commande numérique des procédés industriels", Editions Technip, Paris, France, 2001.

[Ben98] Ben Abdennour R., Favier G. & Ksouri M., "Fuzzy trace identification algorithms for non-stationnary systems", Intelligent Automation Congress, vol. 4, n°3, pp. 403-417, 1998.

[Del97] Delmotte F., "Analyse multi-modèle", Thèse, UST de Lille, France, 1997.

[Del96] Delmotte F., Dubois L. & Borne P., "A general Scheme for Multi-Model Controller Using Trust", Mathematics and Computers in Simulation 41, pp. 173-186, 1996.

[Dub98] Dubois L., Delmote F., Borne P. & Fukuda T., "Stability analysis of a multiple-model controller for constrained uncertain nonlinear systems", Int. J. of Control, N°4, pp. 519-538, 1998.

[Gas00] Gasso K., "Identification des système dynamiques non linéaires : Approche multimodèle", Thèse, Institut National Polytechnique de Lorraine, France, 2000.

[Gaw95] Gawthrop P. J., "Continuous-time local state local model networks", Proceeding of IEEE Conference on Systems, Man and Cybernetics, pp. 852-857, 1995.

[Hel92] Helge Ritter, Thomas Martinetz & Klaus Addison-Wesley, "Neural Computation and Self-Organizing Maps - An Introduction", NewYork 1992.

[Hei94] Heikki Hyötyniemi, "Self-Organizing Artificial Neural Networks in Dynamic Systems Modeling and Control", Doctoral Thesis, Helsinki University of Technology, Espoo – Finland, 1992.

[Jaa96] Jaakko Hollmén., "Process Modeling Using Self-Organizing Map", Master's Thesis, Helsinki University of Technology, 1996.

[Joh93] Johansen T. A. & Foss B. A., "Constructing NARMAX models using ARMAX models", Int. J. Control, vol. 58, pp.1125-1153, 1993.

[Joh94] Johansen T. A. "Operating Regime based Process Modeling and Identification", PhD Thesis, Norwegian Institute of Technology, Trondheim, Norway. Disponible sur le site http://itk.unit.no/ansatte/Johansen Tor.Arne/, 1994.

[Joh97] Johansen T. A. & Foss B. A., "Operating regime based process modelling and identification", Computers and Chemical Ingrneering, vol. 21, pp. 159-176, 1997.

[Joh99] Johansen T. A. & Foss B. A., "Editorial : Multiple model approaches to modelling and control", Int. J. Control, vol.72, n° 7/8, pp. 575, 1999.

[Jea94] Jean-Marie Flaus, "La régulation industrielle", Traité des nouvelles Technologies, Hermès, Paris, 1994.

[Kso99] Ksouri-Lahmari M., "Contribution à la commande multi-modèle des processus complexes", Thèse, UST de Lille, 1999.

[Lei99] Leith D. J. & Leithead W. E., "Analytic framework for blended multiple model systems using linear local models", Int. J. Control, vol.72, n° 7/8, pp. 605-619, 1999.

[Lan88] Landau i. D., "Identification et commande des systèmes", Traité des nouvelles technologies, HERMES, 1988.

[Lta04] Ltaief M., Talmoudi S., Abderrahim K., Ben Abdennour R. & Ksouri M., «Validation Expérimentale de deux Nouvelles Techniques de Calcul des Validités», CIFA'2004, Douz, Décembre 2004.

[Mat02] Mathlouthi Houda, Abderrahim Kamel, Ltaief Majda, Telmoudi Samia, "Identification de systèmes non linéaires : approche multimodèle neuronale", STA'02, Monastir, 2002.

[Mur97] Murry-Smith R. & Johansen T. A. (Eds), "Multiple model approaches to modelling and control", (London: Taylor and Francis), 1997.

[Mur94] Murry-Smith R., "A local model network approach to nonlinear modelling", PhD Thesis, University of Strathclyde , Computer Science Département. Disponible sur le site http ://eivind.imm.dtu.dk/staff/rod/phd_rod.html, 1994.

[Mez00] Mezghani S., Elkamel A. & Borne P., "Multimodel control of discrete systems with uncertainies", International Journal of Studies in Informatics and Control, 2000.

[Mez00] Mezghani S., "Approche multimodèle pour la détermination d'une commande discrète d'un système incertain", Thèse de doctorat, Université de Lille, 2000.

[Msa01] M'sahli F., Ben Abdennour R. & Ksouri M., "Non-linear model based predictive control for thermal control of a semi-batch reactor : Experimental results", International Journal of Heat Engineering, 2001.

[Nel96] Nelles O. & Isermann R., "A new Technique for Determination of Hidden layer Parameters in RBF networks", 13th World Congress, San Francisco, USA, 30 Juin - 5 Juillet, 1996.

[Nel01] Nelles O., "Nonlinear system identification", Springer, 2001.

[Nar95] Narendra K. S., Balakrishnan J. & Ciliz M. K., "Adaptation and learning Using Multiple Models, switching, and Tuning", IEEE Control Systems, 0272-1708/95/$4.00, Juin 1995.

[Nar97] Narendra K. S. & Balakrishnan J., "Adaptative Control Using Multiple Models", IEEE Transactions on Automatic Control, Vol. 42, n°2, pp. 171-187, February 1997.

[Pie88] Pierre Faurre, "Analyse Numérique-Notes d'optimisation", Edition Marketing 1988.

[Sch99] Schorten R. , Marry-Smith R., Bjorgan R. & Gollee H., "On the interpretation of local models in blended multiple model structures", Int. J. Control, vol.72, n° 7/8, pp.620-628, 1999.

[Shi97] Shigeo A., "Neural networks and fuzzy systems theory and applications", Kluwer Academic Publishers, USA, 1997.

[Slu99] Slupphaug O. & Foss B. A., "Constrained quadratic stabilization of discrete-time uncertain non-linear multi-model systems using piecewise affine state feedback", Int. J. Control, vol. 72, n°7/8, pp. 686-701, 1999.

[Tak85] Takagi T. & Sugeno M., "Fuzzy identification of systems and its application for modeling and control", IEEE Transactions on systems, Man and Cybernetics, vol. 15, pp. 116-132, 1985.

[Tew88] A.Tewari, "Model Control Design with Matlab and Simulink", John Wiley & Sons, LTD, 1988.

[Ton90] Tong H., "Non-linear time series: a dynamical system approach", Oxford, UK: Oxford University Press, Oxford Statistical Science Series 6, 1990.

[Rit92] Ritter H., Martinetz T. & Schulten K., "Neural computation and self-Organising Maps : An introduction", Addison-Wesley, Reading, Massachusetts, 1992.

[Tal00] Talmoudi Samia, Bouani Faouzi, Ben Abdennour Ridha & Ksouri Mekki, " Une modélisation neuronale pour la synthèse d'une Commande Prédictive : Mise en œuvre pratique sur une unité pilote", CIFA 2000, juillet 2000, France.

[Tal02a] Talmoudi Samia, Ben Abdennour Ridha, Bouani Faouzi & Ksouri Mekki, " Commande Prédictive basée sur un modèle NARMA : Mise en œuvre pratique sur une unité pilote", JTEA 2002, 21-22-23 mars 2002, Sousse Nord, Tunisie.

[Tal02b] Talmoudi Samia, Ben Abdennour Ridha, Abderrahim Kamel & Ksouri Mekki, " Multi-modèle et multi-commande neuronaux pour la conduite numérique des systèmes non linéaires et non stationnaires ", CIFA'02, juillet 2002, France.

[Tal02c] Talmoudi Samia, Ben Abdennour Ridha, Abderrahim Kamel & Borne Pierre, " A Systematic Determination Approach of a Models'Base For Uncertain Systems : Experimental Validation", SMC'02, Décembre 2002, Tunisie.

[Tal02d] Talmoudi Samia, Bouani Faouzi, Ben Abdennour Ridha & Ksouri Mekki, " Mise en œuvre pratique de la commande Prédictive sur un procédé réel", CRATT'2002, Radès, Tunisie, 11-12 Décembre 2002.

[Tal03] Talmoudi Samia, Abderrahim Kamel, Ben Abdennour Ridha & Ksouri Mekki, " A New technique of validities'computation for multimodel approach", Wseas Transactions on circuits and systems, Vol. 2, Issue 4, pp. 680-685, Octobre 2003 (sélectionné de : ICOSMO Wseas'03, Greece, Octobre 2003).

[Tal04] Talmoudi Samia, Abderrahim Kamel, Ben Abdennour Ridha & Ksouri Mekki, " Experimental Validation of a Systematic Determination Approach of a Models'Base", Wseas Transactions on Electronics, Volume 1, Issue 2, pages 410 à 416, Avril 2004 (sélectionné de : ISPRA Wseas'04, Autriche, Février 2004)